国家自然科学基金资助项目（项目编号：51708351）

高建筑、人口密度老旧住区的公共安全改造设计研究

陈青长 著

大连理工大学出版社

图书在版编目(CIP)数据

高建筑、人口密度老旧住区的公共安全改造设计研究/陈青长著. -- 大连：大连理工大学出版社, 2019.12
ISBN 978-7-5685-2439-1

Ⅰ. ①高… Ⅱ. ①陈… Ⅲ. ①居住区—旧房改造—建筑设计—安全设计 Ⅳ. ①TU984.12②TU241.5

中国版本图书馆CIP数据核字（2019）第279441号

高建筑、人口密度老旧住区的公共安全改造设计研究
GAO JIANZHU RENKOU MIDU LAOJIU ZHUQU DE GONGGONG ANQUAN GAIZAO SHEJI YANJIU

出版发行：大连理工大学出版社
（地址：大连市软件园路80号　邮编：116023）
印　　刷：深圳市龙辉印刷有限公司
幅面尺寸：140mm × 210mm
印　　张：4.25
字　　数：112千字
出版时间：2019年12月第1版
印刷时间：2019年12月第1次印刷
责任编辑：初　蕾
责任校对：裘美倩
封面设计：陈青长

ISBN 978-7-5685-2439-1
定　　价：68.00元

发　　行：0411-84708842
传　　真：0411-84701466
邮　　购：0411-84708943
E-mail：jzkf@dutp.cn
URL：http://dutp.dlut.edu.cn

本书如有印装质量问题，请与我社发行部联系更换。

序 言

随着城市化进程的加快，城市公共安全设施相对薄弱的问题日益凸显，尤其是在建造年代相对久远的老旧住区中，住宅大多为低层或多层建筑，居住容量较小，建筑密度和人口密度较高。近年来，城市老旧住区越来越频繁地发生公共安全事件，例如火灾等。由于存在内部道路狭窄、公共空间不足以及公共安全设施缺乏等问题，城市老旧住区在发生公共安全事件时无法得到及时有效的救援，住区居民的生命和财产安全得不到保障，因而开展城市老旧住区的公共安全改造设计研究迫在眉睫。

里弄住宅是带有历史印记的特殊住宅建筑的典型代表。本书紧紧围绕城市老旧住区的公共安全改造设计这一主题，以上海里弄住区为重点研究对象，对里弄住区的公共安全进行深入的改造设计策略研究。通过对里弄住宅外部空间环境与内部空间单元进行分析，阐述里弄住区的公共安全影响因素，总结公共安全现状问题，并针对问题从建筑设计、公共安全管理两个方面提出相应的公共安全改造设计策略。本书还将住区公共安全的规划设计与居民在紧急情况发生时的内部交通疏散行为结合起来，运用 Pathfinder 软件模拟人员疏散，选取上海里弄住区居民为研究对象，建立疏散模型，进行疏散分析，得出优化的住区居民疏散方案。里弄住区的公共安全改造设计研究涉及社会效益、经济效益和文化效益等各个方面，本书旨在通过公共安全视角的改造设计研究，弥补我国在老旧住区公共安全建设方面的不足，以求能够更好地保障老旧住区居民的生命和财产安全。

陈青长

2019 年 9 月

目 录

1 绪论

1.1 研究背景

住区公共安全是关系到亿万家庭的切身问题，它对巩固社会安定，促进社会进步具有重要作用。随着城镇化进程的加快，大量新式住宅涌现出来，与此相对应的是各类老旧住区的衰落。由于种种原因，老旧住区的公共安全问题也日益突显出来，除了自身的物质性老化，其空间结构和功能结构也存在着不同程度的衰退。除此之外，这些老旧住区在伴随城市发展的过程中也存在着诸多公共安全问题，这其中包括一些具有特殊建筑价值和代表历史文化风貌的老旧住区，其面临舍弃或保留的两难抉择。

里弄住宅是自 19 世纪 70 年代至 20 世纪中叶，上海在向近代都市发展的过程中形成的一种极富地方特色的居住建筑。从某些方面来说，里弄甚至在一定程度上成为上海的象征[1]。随着时间的推进，这些里弄住区开始出现居住子系统老化、环境恶化、建筑密度过大和用地权属复杂等问题，里弄住区的公共安全隐患也日趋严重。随着城市发展的加速，这些曾经位于城市边缘的里弄住区，大多已经位于城市中心，在城市整体中的作用也更加明显。因此，里弄住区的公共安全与城市整体的安全密不可分。本书希望以上海里弄为例，深入开展老旧住区公共安全改造策略研究，进而解决老旧住区的公共安全问题，促进城市和谐发展。

1.1.1 我国老旧住区的发展历程及概况

本课题的研究主题是我国城市中的老旧住区。城市住区，是指在城市建成区域范围内的居住区或住宅区，是相对于传统意义上的农村和郊区的住区而言的[2]。自“工人新村”开始，我国城市的住宅建设进入了以“居住区”为主导的新阶段。从1949年至1978年，我国的城镇住宅建设量接近5亿m^2，目前城市中存量较大的老旧住区大多是从1979年至1998年的20年间建设的[3]（图1–1）。住宅是城市发展历程中非常重要的一部分，目前面临的问题是，老旧住宅还在使用，但这些老旧住区已经经历了20年甚至更长时间的风雨变迁，这类住区已跟不上现代住宅发展的需求，人们的生活需求和住区的内部环境已经不相匹配，住区内公共安全问题也日益突出。

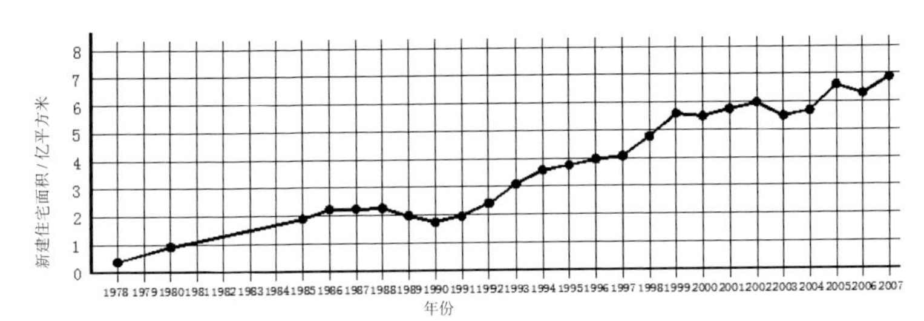

注：资料来源于《2008 中国统计年鉴》。

图 1-1 1978 年至 2007 年全国城镇新建住宅面积统计

20 世纪 80 年代以后建造的住宅依旧大量存在于我国的大、中城市，主要以改革开放后到 21 世纪初建设的住宅为主 [4]。通过相关的存量分析，我们得出老旧住区出现这种现象的主要原因包括以下几点：

（1）住区建设总量和用地规模在这个时期占有较大的比例。

（2）20 世纪 80 年代以后，老旧住区改造相对比较频繁，中华人民共和国成立初期建造的大多数低层住宅逐渐被多层和中层住宅所取代。所以，改革开放以后，低层住宅存量所剩无几。

（3）不管是从建筑结构还是布局方式来看，改革开放以后建造的住区，大多依旧可以满足居民基本的生活需求 。

（4）由于住区区位优越以及未达使用年限，虽然大部分 20 世纪 80 年代以后建造的住宅已不再满足当今住区发展的要求，但是拆迁工作也是一项难题。

通过对全国1%人口进行统计调查，国泰君安证券对1998年至2005年间城市住宅的情况进行了分析。从建造时间层面分析，全国80%以上的居民在改革开放以后建造的住宅内居住，60%以下的居民在20世纪90年代以后建造的住宅中居住。从住房面积层面分析，改革开放以后建设了全国90%以上的住区面积，20世纪90年代以后建设了全国60%以上的住区面积（图1–2）。

1.1.2 里弄住区公共安全设计研究的必要性

里弄住宅集合了东、西方住区建筑的特点，也是上海城市历史遗迹的重要组成部分。里弄住宅除了其自身

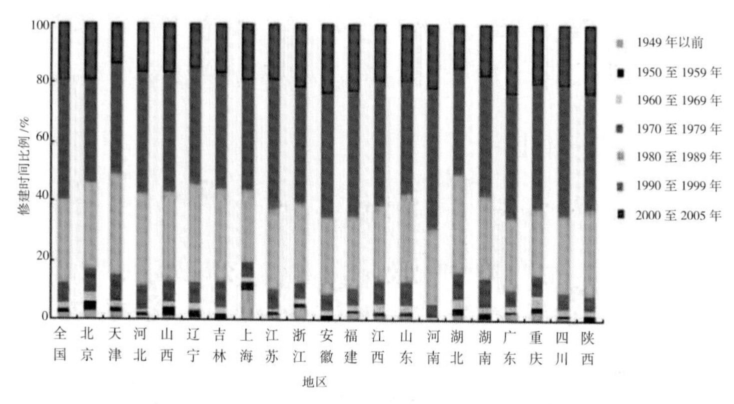

注：资料来源于国泰君安证券《城市住宅拥有状况分析》。

图1–2 住房修建时间按户数占比

的建筑价值以外，在一百多年的时间中所积累的历史文化等无形价值更是一笔宝贵的财富[5]。

里弄住宅独特的建筑形式、丰富的空间组成、浓厚的人居气氛无一不流露出海派建筑风格的特有风韵[6]。如果说，建筑是一座城市的语言，那么里弄住宅就是地地道道的上海方言。这种经过百年演变发展的居住建筑充分适应着当时上海人的生活方式。里弄住区高密度的建筑量以及紧凑的空间布局，必然导致住区公共安全设计要比普通住区更加严谨。部分里弄住区内部夹杂着商业、文化等功能的混合体，这种复杂的居住功能结构也是导致里弄住区公共安全事件多发的重要原因之一。当前，上海里弄住区的公共安全现状并不乐观，居住空间拥挤、建筑破旧、乱搭乱建现象严重、消防隐患、结构不安全等问题与日俱增。日照、采光、通风、交通、停车、私密性等方面处于相对落后的状况，无法满足居民对现代生活的需求。里弄住区的公共安全隐患显而易见，因此里弄住区的公共安全改造设计研究迫在眉睫[7]。

1.2　研究目的及意义

1.2.1　研究目的

住区的公共安全往往与居民的切身利益密切相关，但是，目前城市老旧住区的公共安全问题并没有引起人们足够的重视，这给居民公共安全带来严重隐患。保障住区居民的公共安全利益成为住区建设发展的重中之重。随着人们生活水平的不断提升，住区环境越来越受到重视，大部分老旧住区的公共活动空间设计老化，导致空间不足且杂乱无章，环境质量堪忧，对住区环境的公共安全造成一定的威胁。提升老旧住区的环境质量和宜居性不仅是住区居民的强烈要求，更是促进住区安全和社区和谐的有效方式。为了响应国家可持续发展的号召，实现节省资源的目标，对未达到使用年限还能够继续使用的老旧住区，不应该进行大面积的拆除重建，那样做会消耗大量的人力、物力和财力，产生的建筑垃圾是一项极大的负担。我们应该尽可能保留老旧住区内的建筑单体，更新改造老旧住区的设施和环境，延长老旧住区的使用年限，达到住区安全和持续发展的目的。

1.2.2 研究意义

我国老旧住区公共安全规划体系本身存在不足之处，所以老旧住区公共安全设计也面临着更新的需求。以里弄住区这一特殊的老旧住区为研究对象，从建筑设计和公共安全管理等各个方面进行调研分析，通过对老旧住区内部单元和外部空间的设计改造，利用公共安全规划设计和提升住区安全管理等手段，能够在最短时间内以最少的资源投入达到最佳的改造效果。相比于“整体拆除—再设计—重建”的手段[8]，上述方法可以为国内同类型的老旧住区公共安全改造设计提供更高价值的参考，具有较高的社会价值和经济价值。

在城市化快速发展的过程中，大量新式住宅不断涌现，一批批代表历史文化记忆的住宅建筑正在逐步消亡。兴建于20世纪70年代的里弄建筑代表着一个时代的记忆，但目前也在快速消亡中。在城市文化遗迹保护观点得到越来越多人重视的今天，对上海里弄住区公共安全进行合理改造设计，在保留其原有历史风貌的同时使其满足住区居民生活安全保障的需求，对于城市特殊历史文化记忆的传承有着举足轻重的推动作用。

1.3　研究现状

1.3.1　国外研究现状

关于城市住区公共安全的研究，每个国家的情况各不相同。相对于国内而言，国外老旧住区的公共安全改造设计源自城市更新活动。第二次世界大战以后，在城市环境遭到严重破坏的欧洲国家，住宅短缺成为当时迫切需要解决的问题，于是许多城市开始了大规模住宅建造，但因为缺乏一定的公共安全设计与管理，不仅没有从根本上解决问题，而且加剧了城市中心区的衰败。

20世纪60年代以后，很多学者开始从各个方面对以“大规模改造”为主的城市更新运动进行了批判和反思。一些知名学者提出了重要的理论思想和实践成果。其中，简·雅各布斯在 1961 年出版的《美国大城市的死与生》一书中阐明了城市空间对犯罪行为模式的影响，强调通过明确划分公共及私人空间领域及“街道眼”等自然监控力量保护居民公共安全[9]。奥斯卡·纽曼在 1972 年出版的《可防卫空间》一书中明确提出以可防卫空间理论应对犯罪问题的城市设计策略，强调在环境设计中整合领域感、自然监控、意象和环境四方面要素，强化公共空间在住区公共安全方面的防御性[10]。

在 20 世纪 70 年代，荷兰首先提出贯彻人车共享原则的“共享街道”理念，结合“交通宁静”的技术手段，在确保步行优先的前提下，对街道曲直宽窄等物质要素、树木花池等自然障碍物、路面铺装的色彩质感等重新设计，促使驾车人集中注意力，降低车速，避免事故发生。这一“共享街道”理念随后在德国、英国、日本等国家实施，在公共安全方面取得了显著的效果[11]。另一方面，城市公共空间环境是实施避灾、减灾措施和进行公共安全事件救援活动的物质基础，相关专业针对突发灾害下建筑物内部人员的疏散问题已取得丰富的研究成果[12]。住区空间环境系统要素（道路、基础设施、开放空间、建筑等）的选址、功能、构成及形态的设计将直接影响公共空间环境对于自然灾害的抵御能力。近年来，从空间规划及设计角度减少建成环境的灾害弱点，创造防灾空间，增强防灾能力，降低住区公共安全风险，在国际的防灾及减灾领域受到广泛重视，成为重要的研究方向之一[13]。

欧美发达国家存在着许多社会问题，所以在住区公共安全方面的研究更侧重于治安防卫的研究。英语中“safer city”和“safe city”都表示“安全城市”。“safer city”一般与阻止犯罪联系在一起，侧重于防卫，而“disaster-resistant city”更强调防灾功能。美国的公共安全管理经历了从分散管理到统一管理，再到整合发展三个阶段。在20世纪70年代以前，主要是以应对自然灾害为主的灾害处理；至20世纪90年代，主要从自然灾害的应对转移到多种公共安全危机事件的处理。目前，美国的公共安全管理包括以下几个方面：国家安全管理、社会危机管理、经济危机管理和道德危机管理。俄罗斯的公共安全管理包括的范围比较广：自然灾害、突发事故、公共卫生事件等[14]。

从以上所述的国外研究现状来看，发达国家城市住区公共安全研究的成功经验有：在公共安全事件应急与管理的法律体系方面比较健全，政府比较重视城市住区公共安全等。在国外，对于住区公共安全的研究已经有很长的历史，我们可以借鉴的研究成果和理论很多。但是，每个国家的情况不同，我们也要根据我国的国情进行有选择的借鉴。

1.3.2 国内研究现状

基于自身国情的特殊性与复杂性，我国在城市建设和城市公共安全发展，尤其是城市住区公共安全方面的理论成果与西方发达国家不同。针对城市公共安全问题，我国的规划领域分别从公共场所、公共设施、自然灾害、道路交通、恐怖袭击与破坏行为、突发公共卫生事件等方面，进行了相应的理论探讨及规划编制[15]。近年来，随着经济的快速发展以及城市住宅量的不断增长，在城市中心区的住宅演变中，各方面的矛盾和问题逐渐凸显，尤其是城市中心区的住区公共安全问题。我国的城市建设专家与学者针对快速城镇化发展中暴露出的公共安全问题展开了深入的研究和探讨。

随着社会的快速发展，城市公共安全问题越发严重。我国也由关注自然灾害和个体安全，逐渐转移到关注综合公共安全事件的应对。国务院于 2006 年颁布了《国家突发公共事件总体应急预案》，各个省市也相继制定了省市级的公共安全事件应急预案，我国研究学者对此也进行了一些相关的理论研究。由董华、张吉光编著，于 2006 年出版的《城市公共安全——应急与管理》对城市公共安全体系、预警与应急、城市公共安全规划等理论进行了综述。由张沛、潘峰编著，于 2007 年出版的《现代城市公共安全应急管理概论》对城市公共安全、应急体系等理论进行了综述。

此外，全国各地学者也高度关注城市公共安全和公众公共安全。何寿奎从多个不同的方面，就公共安全的内涵和外延做了进一步解释，他指出，公共安全既包括公众所享有的安全的生活，也包括稳定的工作、生活和居住环境，同时还包括良好的社会公共安全秩序。良好的公共安全可以最大限度地规避各种危险所带来的灾害，使公众的生命财产、权利主张以及自身发展都得到有效的保障[16]。杨杰对于公共安全的理解是公共安全是社会公众所具有的一种安全的环境，既包括生活方面，也包括工作方面，还包括一种良好的社会秩序，使社会公众的生命、健康、权利以及发展都能够得到安全的保障，最大限度地预防各种灾难的发生所带来的意外伤害[17]。

通过对国内学者的城市公共安全研究成果进行总结，我们可以看出我国在城市公共安全方面的研究更加偏重于理论研究，大部分学者主要围绕安全社区、住区公共安全、安全防卫、安全避难等方面展开研究。以往的研究成果主要涉及住区安全的某一方面，并没有对里弄住区的公共安全进行深入的探讨，所以笔者尝试借鉴国内学者在城市公共安全方面的理论成果，对我国城市中心老旧住区的公共安全建设进行研究。

1.4 研究内容、方法及框架

1.4.1 研究内容

以上海里弄住区为研究对象，主要针对上海里弄住区的公共安全改造设计进行研究分析。以老旧住区公共安全的基本概念和相关理论为基础，通过对里弄住区进行走访调查，归纳出老旧里弄住区内存在的公共安全隐患，以及公共安全改造设计过程中遇到的问题和未考虑到的问题，并针对调查结果进行研究分析。我们主要从建筑设计及公共安全管理两个层面对上海里弄住区存在的公共安全问题进行研究分析，并提出针对上海里弄住区公共安全现状的相关改造设计策略。

1.4.2 研究方法

（1）文献资料研究

文献资料研究主要指收集、鉴别、整理文献，并通过对文献的研究形成对事实的科学认识。我们主要通过学校图书馆、知网数据库等网络数据平台对国内外相关文献和资料进行收集整理，广泛收集国内外相关学科关于老旧住区改造更新的研究，获得国内外关于老旧住区公共安全的最新研究成果。此外，还要查阅、整理、分析老旧住区常见的公共安全隐患及相关统计数据，为研究奠定理论基础及提供数据支持。

（2）现状调研

现状调研主要指通过实地考察、问卷调查、走访社区居民等方法了解上海里弄住区的居住现状。主要以现场拍照、绘图的方式对环境、建筑现状进行记录，并且通过走访居民、物业、中介等方法深入了解居住现状和存在的问题，以获取上海里弄住区现状的相关资料。

（3）分析归类

分析归类包括对阅读和收集资料的分类和对现状调查情况的整理。在资料分类的基础上，逐步形成课题研究的基本框架；在对现状调查的资料进行整理后，将老旧住区分为不同类型，便于研究分析。重视案例研究，从国内外各类研究案例中发现问题，分析问题，归纳出具有共性的东西。对老旧住区以及上海里弄住区模式的相关理论进行分析与归纳，系统总结上海里弄住区的公共安全改造设计策略。

1.4.3 研究框架（图 1-3）

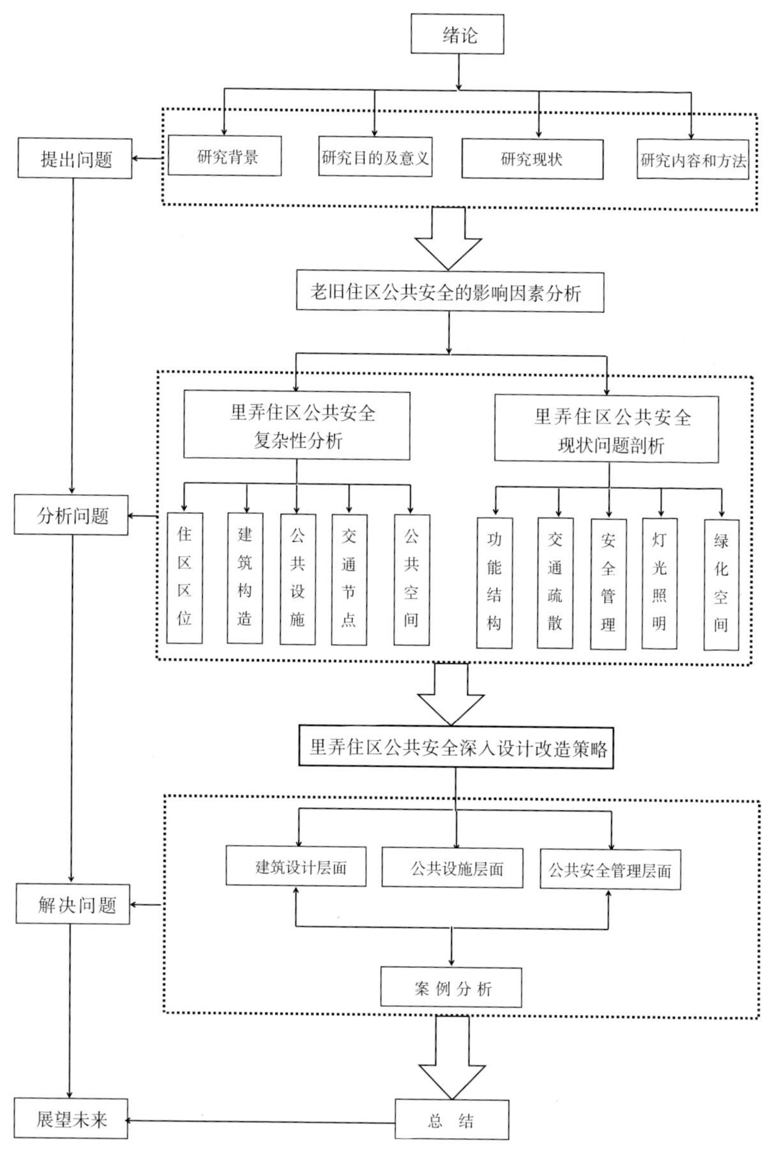

图 1-3　研究框架

1.5 概念界定

（1）老旧住区的概念来自“住区”，是一个相对概念，字面上理解的意思是“旧的居住区”。随着住宅使用年限的增长，受社会发展和环境等因素影响，各方面已无法满足人们的居住需求，产生“综合性陈旧”的居住区称为“老旧住区”，是旧住宅单体与其居住环境在一定的自然地域空间、社会经济形态和使用时间上的整体功能状态的集合[18]。

（2）公共安全是指多数人的生命、健康和公私财产的安全[19]。公共安全是人们正常生产和生活秩序的状态。公共安全是人类最主要的社会需求之一。自从人类社会出现以来，就一直伴随着各种自然因素和人为因素导致的灾害。公共安全事件主要包括自然灾害、事故灾难、社会安全事件和公共卫生事件。

（3）里弄是指上海在 18 世纪末到 19 世纪中期发展的传统住宅。

2 我国老旧住区公共安全概况

2.1　我国老旧住区现状分析

从中华人民共和国成立初期至改革开放阶段，随着人口的不断增长，居住问题成为影响社会健康发展的重要问题之一。为了解决这一问题，大量住宅建筑不断建成（图 2–1）。1949 年到 2009 年期间，中国城镇人均建筑面积从 9 m^2 提升到 29 m^2[20]，大量住区的建成缓解了严峻的居住问题，这一时期建造的居住区虽然大多已

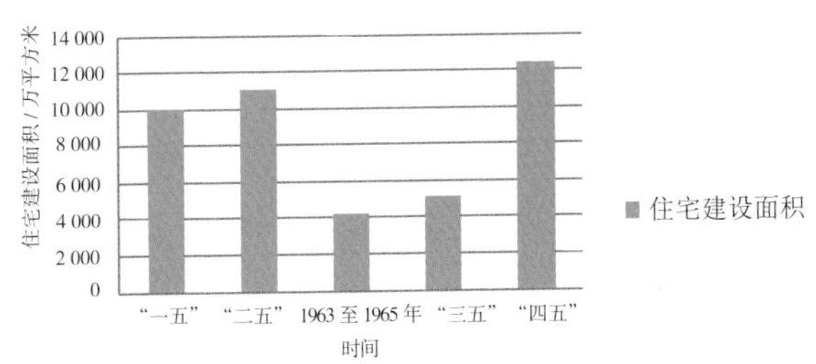

注：资源来源于《天津市集居型多层旧住宅发展演变和改造方式研究》。

图 2–1　"一五"时期至"四五"时期全国住宅建设面积比较

经破旧，但仍然可以为城市中的部分居民提供安身之处，对改善我国城市居民的生活条件做出过重大贡献。但是，随着城市建设的发展，城市老旧住区的压力也在不断增大，因为各种人为和非人为因素造成的住区突发事件和灾害也越来越多。目前，许多城市中的老旧住区缺乏预防公共安全事件发生的设施，或者安全设施配备不足，住区居民和管理人员的公共安全意识还需进一步增强。

2.1.1 空间结构

（1）较小的住区规模与尺度

相比于新建住区，老旧住区的建成年代较为久远，大多数建于改革开放初期。这些老旧住区的数量较多，但住区规模较小，建筑多以多层和低层为主，住区整体尺度较小，户型落后，住区公共设施严重缺乏，具有完全不符合现代居住需求的高密度、低容积率的特点。此外，较小的住区规模与尺度虽然加强了邻里之间的渗透性和归属感，但是容易使住区居民的个人隐私暴露在公众之中，私密性极差（图 2–2 和图 2–3）。

（2）狭窄阻滞的内部交通系统

老旧住区限于建造时期落后的经济与技术条件，住区内部道路相对较为狭窄，道路连接结构简单，环通性差，经常出现“断头路”的情况（图 2–4 和图 2–5）。因为按照当时规划的人口数量进行设计，没有考虑交通工具的更新需求，所以无法满足当下步行、电动车与汽车等多种交通方式同时通行的需求。

图 2-2 住宅户型不向阳

图 2-3 住宅前加建建筑

图 2-4　老旧住区内部道路堵塞

图 2-5　老旧住区内出现“断头路”

（3）缺少必要的公共活动空间

住区公共空间的需求性是不可缺少的住区属性，如休憩空间、交往活动空间等。2009 年重庆市人民村和马鞍山村两个老旧住区的公共活动空间满意度调查结果显示，65% 的居民表示不太满意，14% 的居民表示很不满意。他们对住区公共空间的不满意主要体现在三个方面：34% 的居民认为公共活动空间和绿地太少，28% 的居民认为活动设施不足，24% 的居民认为缺少必要的交往空间[21]。与此类似，国内老旧住区普遍存在公共活动空间缺乏、活动设施不足、公共活动空间被私家车占用等情况（图 2–6）。

图 2–6　公共活动空间被占用

2.1.2 建筑特点

（1）结构

由于受建造时期相关条件的制约，老旧住区中的住宅在层数、结构等方面受到了一些限制。大部分住宅形式简单，外立面陈旧老化，残破不堪。我国现存的老旧住区中的住宅大多为砖混和钢混结构，有一部分为耐火等级较低的木结构建筑，人为用火、超负荷用电等较为常见，稍有不慎就极易引发火灾，而且木结构建筑一旦发生火灾就会迅速蔓延。近年来的住宅火灾事故统计结果表明，住宅建筑的构造、材料是住宅火灾的重要引火源。通过分析我国 2018 年上半年不同火灾的起因可知，建筑构造是最主要因素，其次是电气、自燃、吸烟、作业不慎等因素（图 2–7）。老旧住区中的住宅因建筑结构损坏，不仅给居民平时的生活带来不便，在火灾发生

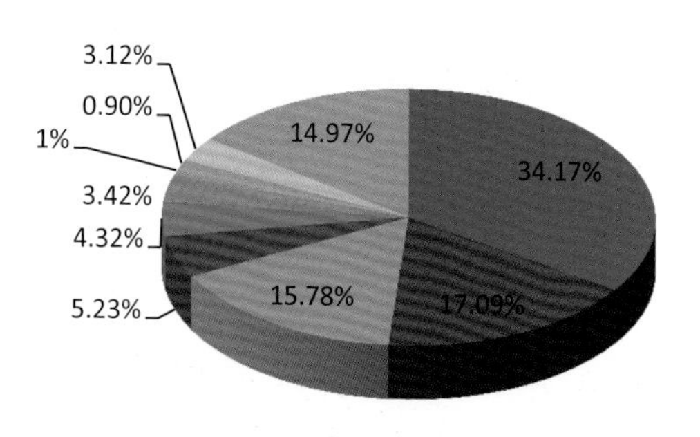

图 2–7 2018 年上半年火灾起因占比

时更会加剧灾害的严重程度，严重威胁居民的生命和财产安全[22]。

（2）质量

城市老旧住区中的建筑大多数建于改革开放以后，到现在已有三四十年的历史。建筑结构性的衰退使其建筑质量越来越差，有的甚至已经变成了摇摇欲坠的危房。这其中还存在一部分居民自建房（图 2-8）。限于经济条件和缺乏一定的设计标准，居民自建房在建造时缺少安全和建筑使用年限方面的考虑。经过几十年的风吹、日晒、雨淋，老旧住区的建筑外立面破旧，部分墙面损坏脱落，门窗破损，尤其是木结构部件因受湿气、雨水侵蚀或受虫蚁蛀蚀而腐坏，抗灾性能大大降低[23]（图 2-9）。

（3）形式

我国老旧住区中的住宅主要以多层联排板楼和居民自建的低层院落式住宅两种形式为主。前者住宅形式相对比较统一，户型较小，公共空间也比较小；后者多以木结构和砖混结构为主，且院落之间的巷道只有一人宽，与现在标准的消防防火间距差距很大。防火间距是指能在一定时间内防止火灾向同一建筑的其余部分或相邻建筑蔓延的空间单元，一般分为竖向防火分区和水平防火分区两种，前者适用于高层建筑，后者主要用于低层建筑[24]。我国现存老旧住区主要以低层和多层建筑为主，防火间距主要体现在水平方向上。我国《建筑设计防火

图 2-8　居民自建房

图 2-9　建筑墙面损坏

规范》（GB 50016—2014）对民用建筑的防火间距规定见表 2-1。

表 2-1　民用建筑防火间距

耐火等级	防火间距 /m		
一、二级	6	7	9
三级	7	8	10
四级	9	10	12

按照《建筑设计防火规范》（GB 50016—2014）防火间距的要求，目前大部分老旧住区是不能满足规范要求的。一旦发生火灾，火势很容易在老旧住区内迅速蔓延。老旧住区中的建筑形式加快了火灾蔓延的速度 [25]，对于人群疏散及消防灭火来说都是重大的公共安全隐患。

2.1.3　人文结构

为了准确了解老旧住区中的居住人口结构情况，2018 年我们通过发放调查问卷的方式收集数据并进行分析。通过问卷调查主要获取了包括每户的人口数按年龄占比、户籍属性按年龄占比、居住年限按年龄占比等信息。此次调查一共发放了 100 份问卷，分别在上海曹杨新村、鞍山四村二区（59 号至 79 号）和鞍山四村三区（80 号至 116 号）发放了 35 份、35 份、30 份问卷，回收 88 份，其中有效问卷 80 份。这三个居住区是上海具有代表性的老旧住区，根据调查结果总结如下。

（1）中老年人占比较高

根据问卷结果分析，每个住户内人口为 5 人以上的占比较小，仅为 2.9%；每个住户内人口为 4 人的也不多，大多为中年夫妻两人及两位老人，占比为 10.0%；每个住户内人口为 3 人的稍微多一些，大多为一家三口共同居住，占比为 36.9%；每个住户内人口为 2 人的占比最大，基本是中年夫妻两人共同居住，占比为 50.2%。老旧住区内居住人数与年龄结构如图 2–10 所示。

根据图示可以看出：中老年人口在老旧住区中占比较多，18 岁以下人口占比最少。

（2）本地居住人口比外地居住人口多

老旧住区建成年代久远，建造时没有充分考虑未来交通枢纽换乘的需求，导致很多老旧住区远离公交站和地铁站，所以大部分外省市人口不会选择租住在这部分住区。根据调查数据，老旧住区内户籍属性占比如图 2–11 所示。

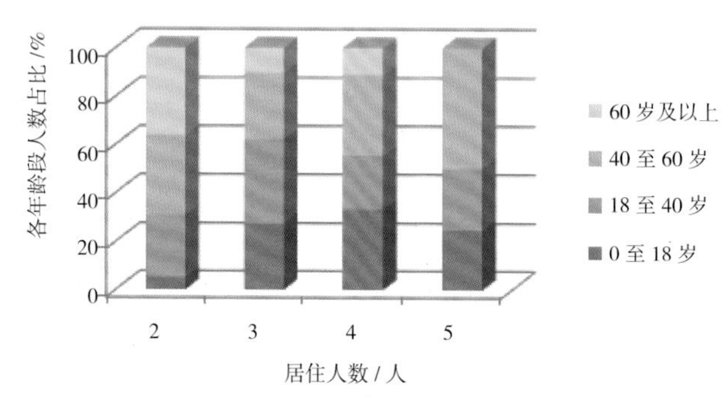

图 2–10　老旧住区内居住人数与年龄结构

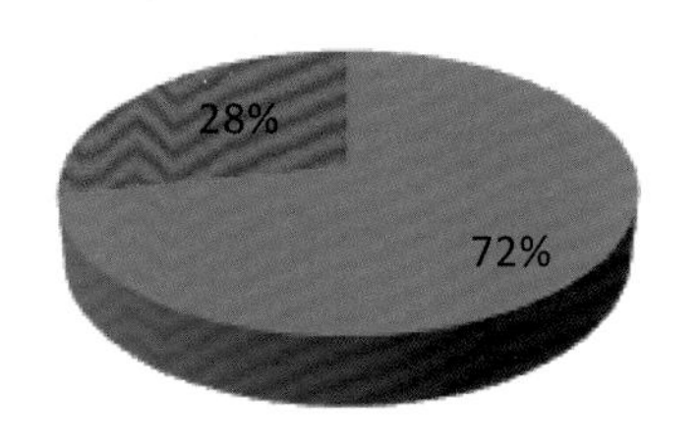

图 2-11 老旧住区内户籍属性占比

根据图示可以看出：本地人口在老旧住区中占了主要的部分，外来租住人口只占较少的部分。

（3）人群居住年限波动较大

住区人口的居住年限可以反映住区邻里关系的稳定度。一般人口流动较小的住区，邻里关系会更加稳定，而人口流动较频繁，居住年限波动较大的住区不利于居民之间邻里关系的建立。根据调查数据，老旧住区内人群居住年限与年龄结构如图 2-12 所示。

根据图示可以看出：老旧住区中老年人群居住年限一般较长，不会有太大的波动；中青年人群居住年限适中，波动平缓；青年人居住年限最短，波动较大。因此，老旧住区中老年人之间的邻里关系较为稳定，大家做了几十年的邻居，相互比较熟识。年轻人由于居住时间较短，还没有来得及相互认识可能就已经搬离，人群流动大，邻里关系较差。

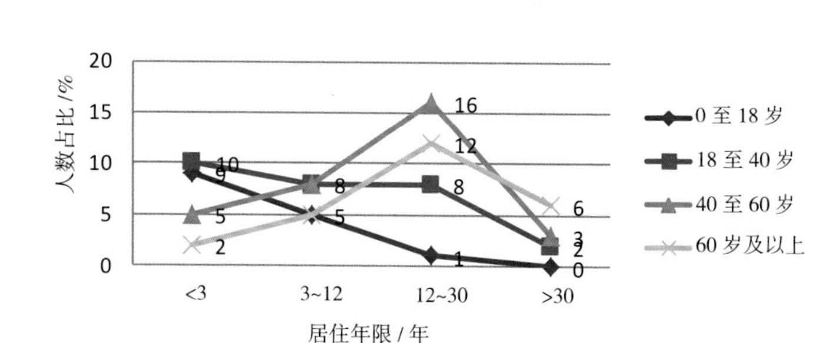

图 2-12　老旧住区内人群居住年限与年龄结构

2.2　老旧住区可能面临的公共安全事件类型

2.2.1　火灾

老旧住区大多位于老城区，由于建造时期相关规范和技术的限制，住区建筑的耐火等级较低，住区内部缺乏相应的消防通道或消防通道不能满足标准要求；加之老旧住区的建筑密度和人口密度都较高，居民乱堆杂物现象严重，所以一遇明火极易发生火灾（图 2-13）。据新闻资料显示，2018 年 1 月至 8 月，全国共接报火灾 16.61 万起，死亡 933 人，受伤 560 人，直接财产损失 20.53 亿元，与 2017 年同期相比，分别下降 19.0%、4.7%、8.8% 和 17.7%。2018 年 8 月，住宅共发生火灾 6 604 起，死亡 56 人，分别占总数的 46.4% 和 26.2%，6 起较大的火灾中就有 5 起发生在住宅；其次是人员密集场所，发生火灾 1 352 起，死亡 22 人，分别占总数的 9.5% 和

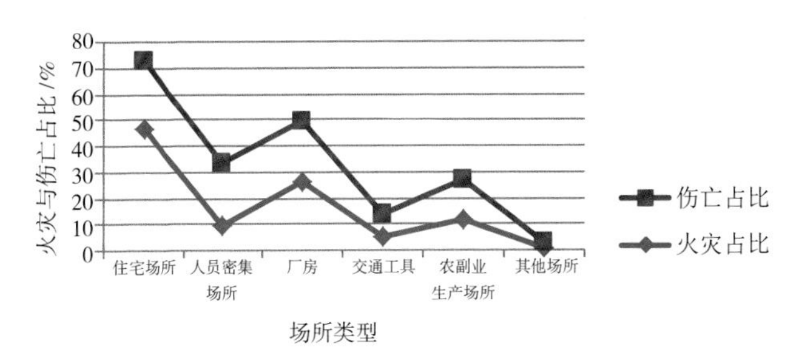

图 2–13　2018 年上半年全国火灾场所占比分析

24.4%。老旧住区不仅容易发生火灾，而且因人员密集而导致疏散和施救难度较大，老幼人群伤亡人数多。例如，2013 年 7 月 16 日，上海杨浦区鞍山三村小区着火，消防车无法进入导致未能及时灭火，两层八户被烧，两名老人不幸身亡 [26]。

2.2.2　社区安全事件

老旧住区社区安全事件主要包括居民人身安全、居民隐私安全、群体性事件等。老旧住区以中老年人为主，受到人身袭击时抵抗能力较弱，容易成为受害方。近年来的相关统计数据表明，上海市"两抢"案件数量呈现上升趋势。抢劫和抢夺一直是公安部门重点治理的危害住区居民人身安全的案件类型，严重影响人们在城市住区中生活的安全感 [27]。从盗窃和抢劫案件的特点分析可以看出，老旧住区建筑设计不当和室外空间环境规划设计不当是安全事件发生的主要原因。住宅建筑细节设计的疏忽，为窃贼入室提供了方便；而规划设计不当的室外空间环境，使居民不愿聚集交流，住户间因此缺乏交往，互不关心，对小区缺乏相应的归属感和责任感。这样的小区环境便于潜在的犯罪人隐藏，易于窃贼的出入[28]。

2.2.3 公共卫生事件

老旧住区建筑标准一般不高，部分老旧住区生活设施严重缺乏。比如，许多老旧住区的日常生活用水还需要依靠水箱，由于长时间使用混凝土水箱，粉尘和异物掉落其中，导致生活用水受到污染。居民的饮水安全也受到了水箱内病菌和寄生虫的威胁[29]。有些里弄住区没有独立卫生间，“如厕难”成为住区居民面临的重要难题。有些老旧住区，虽然建有公共卫生间，但是一个公共卫生间同时为几户住户提供服务，无法解决根本问题，尤其是到了炎热的夏季，缺乏管理的公共卫生间更是成为居民面临的严重公共卫生隐患（表 2–2）。

表 2–2　城市住区公共安全问题表现形式分类

种类	危害来源	公共安全
自然灾害事件	外部自然因素	地震、海啸、暴雨、台风、洪灾、不明飞行物撞击建筑物等
人为事故	内、外部人为因素	住区建筑物坍塌，建筑施工事故，设施、设备或建筑被严重损坏导致的事故或被盗事件，水、气、油等泄漏导致的突发性事件，火灾，内、外部交通事故等

续表

种类	危害来源	公共安全
公共卫生事件	内、外部自然或人为因素	流行病、食物中毒、公共投毒事件、医疗卫生事件、环境重度污染、放射性或有毒物质侵害、噪声污染等
社会性安全事件	内、外部人为因素	住区外部攻击行为、住区内部群殴、邪教组织、聚众闹事、恐怖袭击等

清华大学危机管理课题组和 eData Power 在线调查服务提供商于 2005 年组成调查小组，对 5 046 位来自不同省市的居民进行了住区公共安全意识调查 [30]。结果表明，大多数被调查者都只是了解了一些住区公共安全事件的预防措施，并没有将其应用到日常生活中，这说明被调查者的危机防范意识不容乐观。调查显示，70% 以上的被调查对象与自己的邻居不熟悉，这样一旦发生紧急事件，邻里之间很有可能不能形成互助圈，从而增加不必要的损失。约 80% 的被调查者不知道自己住处附近避难场所的具体位置，这体现了我国城市住区居民的公共安全意识比较薄弱（表 2-3 至表 2-6）。

调查结果应该引起我们的反思，住区作为城市的主要组成部分，其安全性和稳定性很重要。尤其是城市中的老旧住区，具有建筑密度高、人流集中的特点，一旦遇到突发性灾害，如果无有效措施，那么损失的严重性将无法估计。

表 2–3　　中国城市居民公共安全意识调查（1）

所居住的住宅属于哪一类	占比 /%	累计占比 /%
低层多户式家居住宅楼 或单身集体宿舍楼（6 层以下）	55.0	55.0
高层多户式家居住宅楼 或单身集体宿舍楼 (6 层以上）	33.7	88.7
平房	8.5	97.2
别墅	1.8	99.0
其他	1.0	100.0

表 2–4　　中国城市居民公共安全意识调查（2）

是否熟悉自己的邻居	占比 /%	累计占比 /%
所有邻居都不认识	7.9	7.9
不太熟悉	64.2	72.1
基本都熟悉	27.9	100.0

表 2–5　　中国城市居民公共安全意识调查（3）

是否知道住所附近的避难场所	占比 /%	累计占比 /%
不知道	79.2	79.2
知道	20.8	100.0

表 2–6　　中国城市居民公共安全意识调查（4）

在所居住的地方采取应对危机事件的措施	占比 /%
准备灭火器	44.4
知道灾害发生时的求助电话	43.7
准备常用的应急药品	42.8
准备手电筒	39.4
确认居住地方的避难场所和避难路线	23.5
准备收音机	23.3
安装火灾报警器	22.9
储备水和食物	21.7
安装煤气泄漏报警器	18.7
购买灾害保险	18.4

续表

在所居住的地方采取应对危机事件的措施	占比 /%
什么都不准备	12.0
准备绳索等避难工具	11.7
加固家具	7.5
准备防燃被褥、防燃窗帘	6.7
不清楚	5.2
其他措施	0.5

3

上海里弄住区公共安全的复杂性分析

截至 1949 年，里弄住宅已发展成为上海分布最广、数量最大、居住人口最多的住宅类型。据统计，在当时市区 82.4 km^2 范围内，里弄住宅总数约 9 000 处，住宅总面积为 2 359 万 m^2。截至 2000 年，上海市老旧住宅总面积为 3 716 万 m^2，其中里弄住宅为 2 942 万 m^2，约占老旧住宅总面积的 80%[31]。

3.1 上海里弄住区分类

为了适应不同层次住户的需求，里弄住区在其产生、发展的过程中出现过很多样式。从最初的石库门里弄(又分为老式石库门里弄和新式石库门里弄)，发展到后来的新式里弄，以及广式里弄、花园式里弄和公寓式里弄等（表 3–1）。它们在结构、外墙、平面以及外观等方面都存在明显的差异[32]（表 3–2）。

表 3–1　　上海里弄住区年代分布

时间段	石库门里弄 / 处	新式里弄 / 处	公寓式里弄 / 处	花园式里弄 / 处	总计 / 处	占比 /%
1900 年以前	19				19	1.0
1900—1910 年	56	2			58	3.0
1910—1920 年	85	7	1	3	96	5.0
1920—1930 年	859	67	1	10	937	49.2
1930—1940 年	186	447	8	111	752	39.5
1940 年以后	5	28	1	9	43	2.3
总计	1 210	551	11	133	1 905	100

表 3–2　　上海里弄住区分类对比

项目	老式石库门里弄	新式石库门里弄	新式里弄	花园式里弄	公寓式里弄
结构	砖木结构	砖木结构	混合结构	混合结构	混合结构或钢筋混凝土框架结构
外墙	土窑砖、纸筋石灰	砖、水刷石	砖、汰石子	水泥	砖、水泥或汰石子
平面	三至五开间，中轴对称，进深大	单开间，双开间，进深略减	单开间，双开间，间半式，进深浅而宽阔	单开间,双开间,间半式，进深进一步减小	平面紧凑
外观	体量大，外观封闭	体量缩小，开窗增多	体量进一步缩小，前部形成开敞式或半开敞式绿化庭院	体量较大，前部形成开敞式花园，造型丰富	体量缩小，造型西化

（1）老式石库门里弄

江南传统民居是老式石库门里弄的雏形，受中国传统三合院、四合院的启发，形成了老式石库门里弄住宅的单体平面布置和内部空间布局方式。它们一般是三开间二层，也就是正间带两厢，也有少数五开间，甚至六开间[33]（图 3-1）。

（2）新式石库门里弄

20 世纪初，在老式石库门里弄的基础上，新式石库门里弄应运而生，里弄住宅由原来的三间两厢房变为双间一厢房或单间（图 3-2）。新式石库门里弄更加注重住宅的采光和通风问题，住宅的布置大多坐北朝南，通常主巷宽度约为 5 m，次巷宽度约为 3 m。

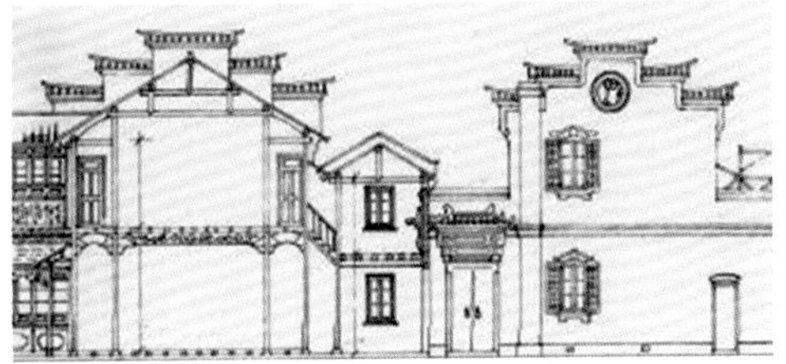

图 3-1 老式石库门里弄住宅

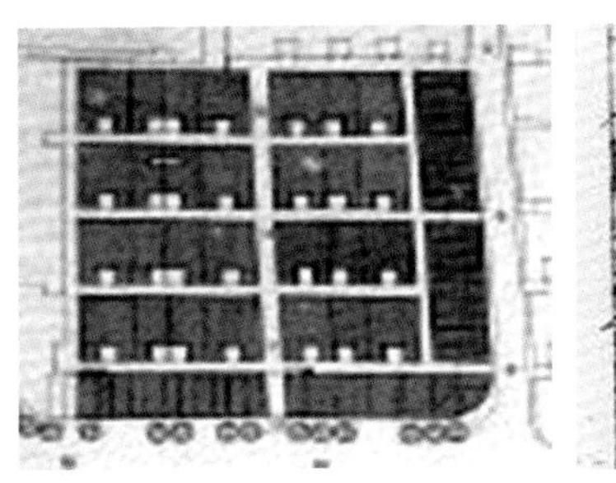

图 3-2 新式石库门里弄住宅

（3）新式里弄

随着生活水平逐渐提高，又出现了新式里弄。新式里弄所运用的材料，如钢筋混凝土梁柱等与现代住区已经很接近了。新式里弄住宅大多采用矮墙或铁门，天井由小花园取代[34]（图 3–3）。新式里弄大多建在上海市的西区，典型项目有静安别墅（1929 年）、裕华新村（1941 年）等。

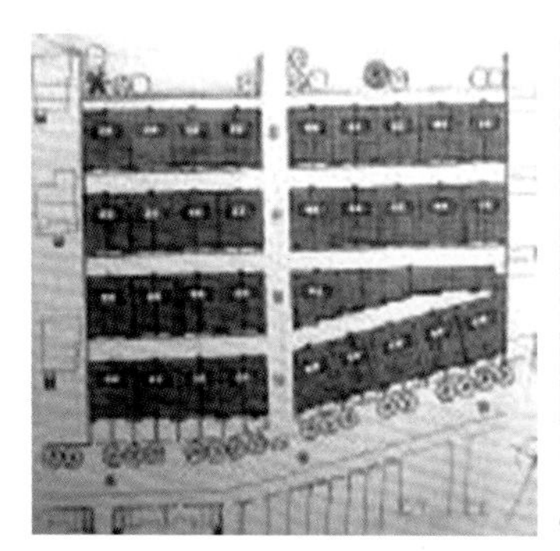

图 3–3　新式里弄住宅

（4）公寓式里弄

公寓式里弄一般为一梯两户或三户的单元结构，住宅层数一般为二至四层不等（图 3–4）。因为住户档次较高，很多公寓式里弄住宅的房间都成套布置。位于虹口的景林庐是上海建造的第一条公寓式里弄。

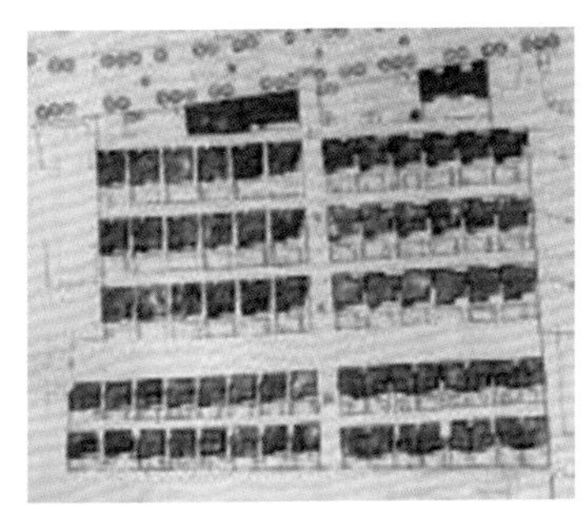

图 3–4 公寓式里弄住宅

3.2 上海里弄住区公共安全影响因素分析

3.2.1 区位布局

上海老式石库门里弄住区主要修建在黄浦江以西、西藏路以东、苏州河以南、上海县城以北区域，之后开始向西、北、南三个方向扩展。上海的里弄住区呈现东、西向的类型差异分布（图 3–5）。上海历史最为悠久的原南市区建造有全市数量最多的石库门里弄住宅。在虹口区（四川北路、溧阳路一带），除部分石库门建筑外，还有早期的花园式里弄住宅。在卢湾区，新式里弄住宅和石库门里弄住宅兼而有之。静安区的石库门里弄以住宅规模巨大著称，如西斯文里、东斯文里、慈厚南里等，均建有 200 幢以上的住宅，此处亦拥有最多的新式里弄住宅。

图 3–5　上海里弄住区分布图

上海里弄住区主要集中在位置较优越的地段，里弄住区所处的区域位置对住区的公共安全有很大的影响。因为不同的区位会面临不同的环境，包括周边的商业设施、教育设施和文体娱乐设施等，这些配套设施对于里弄住区的公共安全至关重要（表 3–3）。里弄住区周边如果缺乏相应的配套设施，一旦发生重大公共安全事件，就无法进行及时有效的救援，居民的生命和财产安全将无法得到有效保障。

表 3–3 里弄住区周边所需配套设施

类别	项目
商业设施	菜市场、食品店、综合副食店、早点店、小吃店、饭馆、小超市、乳制品店、综合百货商场、照相馆、服装加工店、日杂商店、宠物商店、中西药店、美容美发店、浴池、书店、综合修理店、旅馆、物资回收站等
教育设施	托儿所、幼儿园、辅导班、小学、中学等
文体娱乐设施	文化活动中心、体育设施、运动场等

3.2.2 建筑构造对住区公共安全的影响

里弄住宅最初是江南传统民居和西方联排住宅的结合产物，由于建造年代久远，限于当时的技术手段和建筑工具，建筑材料和结构较为简单。早期的里弄住宅主要为砖木结构，有很多不足之处，比如户型简单、承重能力差等，并且因为使用过度，大部分住宅的使用功能已经丧失，不适合长久居住（图 3–6）。由于里弄住宅缺乏消防设施和逃生通道，以及毗邻联排的建造规划，一旦发生火灾，极有可能以迅雷不及掩耳之势蔓延整个里弄住区，造成重大公共安全事件，对住区居民的生命和财产安全造成极大的损失[35]。

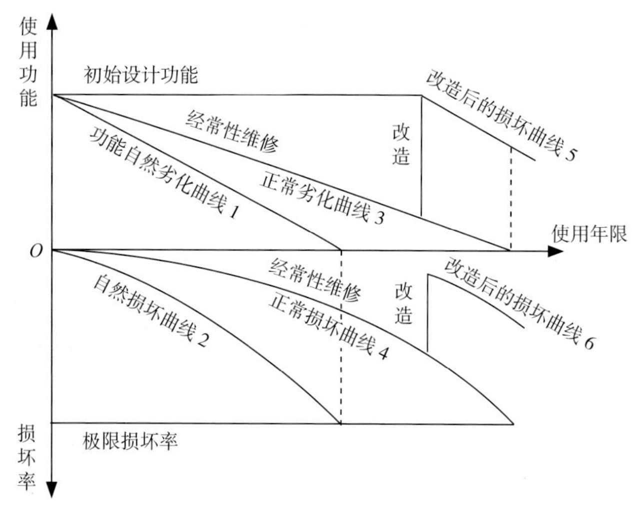

图 3–6　里弄住宅使用功能、损坏率与使用年限的关系

3.2.3　交通节点对住区公共安全的影响

里弄住区巷道的交通作用是连接内部各个节点，使人能够到达目的地，是人流和车流进出的最佳途径。在巷道的空间结构中，空间实体按照一定的排列秩序布置，形成相对严谨的组织[36]。上海里弄的主巷和次巷一般呈现鱼骨状的空间序列（图 3–7）。

（1）主巷空间

主巷是里弄住区公共空间的交通要道，也是住区居民公共交流的地方（图 3–8）。一方面，主巷空间担负着弄堂内主要车流交通疏散与导向的重任；另一方面，主巷空间也起着里弄住区内集散广场的作用。主巷空间

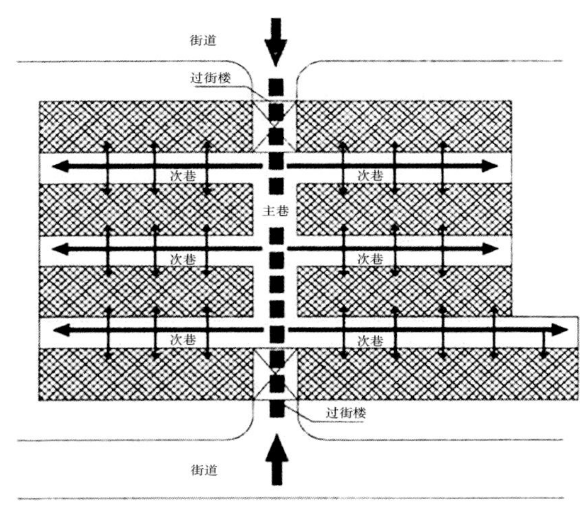

图 3-7 主巷和次巷的空间序列

图 3-8 主巷空间

设计的合理性，将直接影响住区内部的公共交通安全。

（2）次巷空间

相比于主巷空间，次巷空间的性质有所不同，公共性相对减弱，私密性则逐步加强（图 3–9）。次巷宽度一般小于主巷，空间高宽比更大，所以封闭性更强，产生强烈的内向性。虽然次巷空间具有较强的封闭性，是里弄住区内最安全、最私密的公共空间，但是其较窄的巷道宽度和“断头路”的特点，导致通透性较差，一旦发生急需疏散的公共安全事件，疏散难度较大，外部救援更是难上加难。

图 3–9　次巷空间

（3）弄堂口对住区公共安全的影响

里弄住区主要通过弄堂口对外连接，它们就如同里弄街坊的“窗口”或“眼睛”（图 3-10）。住区外部与内部空间需要通过弄堂口连接起来，它们承担着重要的过渡作用，是进出里弄住区的重要门户，同样也是视线的节点和空间塑造的重点。弄堂口主要采用过街楼的形式，形成了一定的出入口尺度。但是，如果弄堂口的设计不合理，比如尺寸不足、数量过少、单向进出或者结构稳定性较差等，就容易导致出入人流发生拥挤或踩踏，引发公共安全事件。

图 3-10　弄堂口

3.2.4 公共空间对住区公共安全的影响

（1）公共活动空间

作为空间的一种类型，公共活动空间反映了空间的开放程度和归属性。里弄住区的公共活动空间决定着住区与居民生活的紧密性，它为不同阶层的居民提供生活服务和社会交往的活动场所，对人具有精神上的意义。诺伯舒兹在《场所精神——迈向建筑现象学》一书中提到“场所精神”，认为场所除了具有实体空间这一特征以外，还具有精神上的意义[37]。里弄住区的公共活动空间与城市公共活动空间有很多相似的属性，它承载了住区居民的各项活动。充足的公共活动空间能够促进里弄居民之间良好邻里关系的建立，对住区公共安全具有重要的意义（图 3–11）。

（2）绿化空间

绿化空间是里弄住区空间的一个重要组成部分。随着生活水平的提高，人们开始追求更高层次的生活享受，于是住区绿化空间的设计就显得更为重要了。住区绿化景观可以直接影响住区居民的身心健康，同时较好的绿化空间布置也会提高住区居民的心理安全感（图 3–12）。

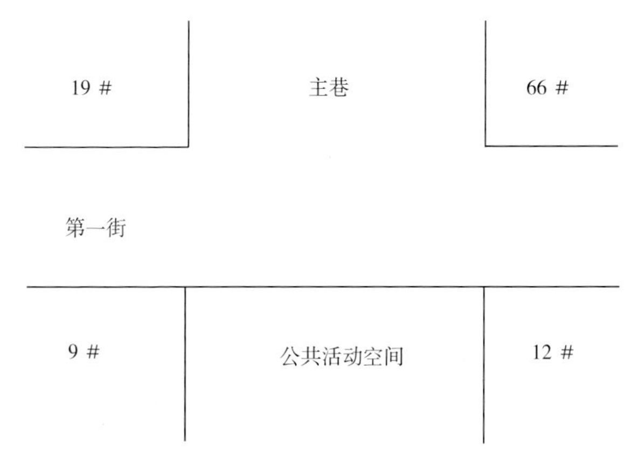

图 3–11　公共活动空间在里弄住区的位置

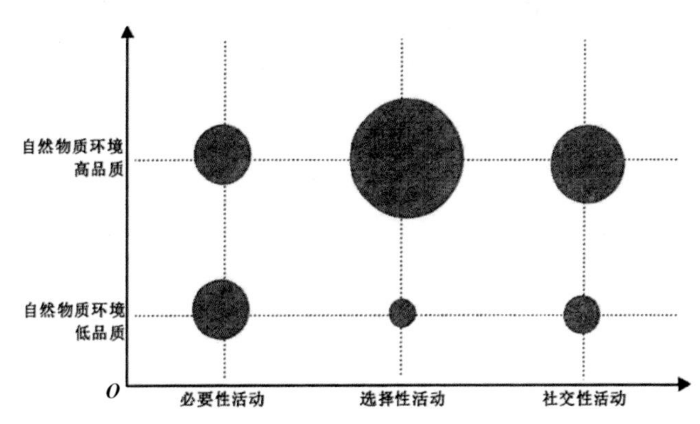

图 3–12　室外活动与自然环境的关系

3.2.5 公共安全设施对住区公共安全的影响

居民在里弄住区环境中最基本的安全需求是日常生活中的安全感和心理上的安全感。住区内部环境的安全性往往是最主要的影响因素，住区公共安全设施对维持住区内部环境的安全性起到至关重要的作用。上海里弄住区公共安全设施的调研结果显示，基本的市政设施勉强可以满足居民的基本需求，但是大部分设施已老化破旧，缺乏必要的维修，无法正常使用，包括室外照明、消防设施、排水设施、监控设施、停车设施、健身设施等[38]。室外照明和监控设施可以给夜间出行的居民带来便利，保证出行居民的人身安全，起到提升里弄住区公共安全的作用，还能满足居民心理上的安全需求。消防设施可以减少火灾事件的伤害，保障住区居民的生命和财产安全，这些都是里弄住区公共安全的重要影响因素。

3.2.6 安全管理方式对住区公共安全的影响

里弄住区想要提升住区活力，需要一定的人口数量、特定的生活方式和文化等，最重要的是要有公共安全管理制度。上海里弄住区的公共安全管理源于上海租界地区的房屋营造管理，其管理的重点在于道路红线的后退距离、消防疏散、公共卫生、电气安全等。早期管理体制的确立，规范了里弄住区的建造，促进了里弄住区的规模化发展。里弄住区内的消防安全管理，对于火灾的预防和控制极其重要。消防设施是否完善，人员疏散通道是否满足要求等，是里弄住区消防安全管理的重要影响因素。近年来，里弄住区的各类社会治安事件层出不穷，居民人身安全无法得到有效保障，加强治安管理迫在眉睫。居委会或者物业管理部门可以起到重要的作用，如安装监控设施、报警装置等，这些对于里弄住区内部的公共安全管理都是不可缺少的辅助措施。

3.2.7 居住人口结构

上海解放前，除少数外侨与中国富人（约占 5%）住的是花园住宅，贫民通常住在城市边缘用草、竹、芦苇搭成的棚屋之外[39]，绝大多数居民，包括中国与外侨的白领阶层均住在各式弄堂中，总面积达 2 000 万 m^2。在里弄住区中，从各地来上海谋生的人们从互不相识到亲如一家。20 世纪 20 年代，上海本地人约占 20%，其余 80% 皆为外地人甚至外国移民[40]。随着人口流动和住房制度的改革，里弄住区的居民构成开始多元化，复杂的人口结构给里弄住区的安全管理增加了难度，对于住区公共安全影响很大。

3.3 上海里弄住区公共安全现状剖析

3.3.1 城市道路交通拥堵

中国古代比较崇尚封闭的大陆农耕文化，强调一种封闭内向的自我保护的处世哲学[41]。所以，我国里弄住区主张围合式住宅边界的布局方式。这种围合式住宅边界的布局特征，导致里弄住区具有规模较大、封闭性较强的特点。随着经济的日益发展，汽车的数量也越来越多，城市道路交通拥堵状况日趋严重。里弄住区的封闭性导致周边城市道路路网较为稀疏，城市道路被围合式住宅边界切断，无法贯穿，整个里弄住区可能只有一到两个出入口。在车辆不断增加的情况下，高峰时期里弄住区周边主干道上的车辆会排起长队，这会导致道路拥堵状况越来越严重（图 3–13）。如果里弄住区内部突发公共安全事件，由于主干道被堵塞，住区内部人员无法进行及时疏散，外部救援人员也无法及时到达现场，将会造成严重的后果。

3.3.2 建筑结构性能衰退

（1）建筑内部空间

从住宅内部来看，里弄住宅普遍面积较小，户内使用面积更小，走廊、楼梯被占用的现象非常普遍。这不仅不利于居民的日常出行，还给居民应急疏散带来较大

图 3-13 里弄住区周边道路交通拥堵

阻碍，是里弄住区公共安全的一大隐患（图 3-14）。

（2）建筑外立面

里弄住宅从建造完成之时使用至今，旧住宅外立面的物质性损耗不可避免，主要体现在材料的破损、开裂、变色等方面[42]。由于长时间受到风吹、日晒、雨淋等外界环境的影响，住宅外立面受损导致住宅外立面的防水层受到破坏，出现屋顶漏水现象。我们通过实地调研发现，不少里弄住宅屋顶漏水的问题，都是源于外立面面层的老化开裂。里弄住宅外立面的破损严重影响了住宅的美观[43]，同时也给住区居民带来了安全隐患（图 3-15）。

图 3-14　被破坏的里弄住宅内部

图 3-15　过度使用的里弄住宅外立面

3.3.3 住区内交通问题突出

里弄住区建造年代久远，内部道路均按照当时的规划要求进行设计，主、次巷道不明确，路面宽度及质量均无法满足现代的疏散要求，各类问题层出不穷。

里弄住区的内部交通结构类型主要有以下几类：主巷型、主次巷型、网格型、环形、综合型等[44]。主巷型一般位于临街式里弄住区中，是比较简单的弄内交通结构类型。此类住区的规模较小，各户的主出入口都直接开向主巷，容易导致主巷道路人流迅速集聚，造成道路拥堵，人流疏散较为困难。主次巷型在沿海地区也被称为“梳式巷道系统”，一般位于行列式布局的里弄住区中。主巷是贯穿整个住区的主要交通道路，次巷垂直于主巷，联系每栋入户门，形成鱼骨状的巷道结构。但是，主巷干道较窄，相应的次巷就更窄，有些甚至宽度不足 2 m，道路等级低，人车通行受到一定的限制。网格型一般位于规模较大，并且用地形状较为整齐的里弄住区中。由于住区规模较大，巷内交通道路需要承担更大的人流和车流的通行压力，建造时缺少一定的远期规划和规范要求，因而路面承重较差，宽度不足。时至今日，大部分路面破损严重，并且道路两侧随意堆砌物品、搭建临时建筑和违章停车等问题突出（图 3-16）。这些都可能导致里弄住区内部发生交通事故，对住区居民的人身安全造成极大的威胁。

图 3-16　里弄住区内部交通现状

3.3.4 公共活动空间缺乏

里弄住区的空间结构具有特殊性，当初在建造时并没有考虑老年人的生理和心理特征所需要的特殊性空间，导致住区内的老年人缺乏相应的公共活动空间，而住区公共活动空间的设施与环境对于老年人的身心健康有着重要影响。里弄住区的公共活动空间普遍不足，而且面临被占用的问题（图 3–17 和图 3–18）。住区居民只能在主巷空间进行活动和交流，在住宅门口小憩，或者在住区路边自搭桌椅进行娱乐活动，来往的车辆会使住区居民的生命安全遭受一定的威胁。因此，里弄住区公共活动空间缺乏的问题对于住区居民的公共安全是有很大影响的，缺乏公共活动空间的住区居民没法进行积极的公共娱乐活动，尤其对于本该无忧无虑享受老年生活的人们来说，是一个亟待解决的问题。

3.3.5 公共设施老化

里弄住区的公共设施主要是指住区居民在日常生活中需要的设施，包括停车设施、消防设施、市政设施、照明设施、健身设施、监控设施等。由于当前很多里弄住区在当初建造时没有考虑人口的快速增长，加上使用时间较长，缺乏养护，因而许多公共设施损坏严重，影响住区居民的正常使用。

图 3–17　公共活动空间被占用

图 3–18　停放的私家车挤占公共活动空间

（1）停车设施

在里弄住区早期建造时，汽车在我国并未普及，现在几乎每家每户都有私家车[45]。由于里弄住区的特点，住区的停车设施严重缺乏，因而居民只能将汽车停在其他地方或者就近占用行车道，使原本宽度就不够的道路更加狭窄，影响住区内车流和人流的通行。里弄住区中车辆的乱停乱放不仅阻碍交通，而且给居民的人身安全带来隐患（图 3–19）。

（2）照明设施

国内新建住区的照明设施相对来说比较完善，而里弄住区由于建造时间久远，大部分照明设施已经损坏或

图 3–19　车辆随意停放

缺少修复，存在许多问题。住区照明设施在给人们带来安全和丰富的夜间生活的同时，不当的照明方式也会造成光污染等负面影响。

里弄住区的室外照明经常存在光污染或光照强度不足的现象。夜间照明产生的溢出光线对良好的夜间环境产生了干扰或其他负面影响的现象，就称为光污染[46]（图 3-20）。光污染会对居民的正常生活产生负面的影响，公共活动区域内闪烁的光线会使房屋内的居民感到烦躁，安装不合理的道路照明会对附近的行人产生眩光，导致居民正常的视觉功能降低或丧失。这一方面影响行

图 3-20　室外光污染

人对周围环境的认知，另一方面增加了发生犯罪或交通事故的危险。室外照明不足容易致人摔倒受伤，特别是给老年人带来了极大的不便，也为窃贼的藏匿带来了便利（图 3-21）。部分偏僻的住区角落以及缺少照明的住宅前道路最容易成为照明死角，使居民的夜间活动受到一定的安全威胁。

（3）消防设施

里弄住区的房屋建筑设施陈旧，普遍存在耐火等级不高的情况。多数里弄住区欠缺防火分区设计，住区内消防设施严重缺乏，只有少数里弄住区配置了消防栓，

图 3-21 室外照明不足

由于缺乏管理，灭火器大多已过期或损坏（图 3–22）。里弄住区内部普遍缺乏火灾预警装置，导致火灾在发生初期不能被及时发现，并且部分住区车道狭窄，消防车辆无法进入，使原本可以在初期得到控制的火灾蔓延，造成更大的人员伤亡和财产损失[47]。由于建造时间久远，里弄住区规划的消防水源本身就少，可供直接射水的高压消防栓就更少，因而完善里弄住区的室外消防设施建设是公共安全改造设计的重点之一。

（4）监控设施

科技的快速发展为人们的生活带来了便利，同时也给里弄住区居民的日常出行带来了安全保障。监控系统被越来越多地运用到住区安全防御系统中，一个安全的

图 3–22　消防设施破损严重

住区不能没有完善的监控设施。但是，部分里弄住区缺少监控设施，或者虽然配备监控设施但并不完善，数量少、监控有死角等问题显著存在。还有一些监控设施因缺乏管理，早已损坏，无法使用。这些损坏的监控设施形同虚设，无法保障里弄住区居民的公共安全（图3–23）。

3.3.6 公共安全管理不足

由于里弄住区内很多建筑的产权不明确，没有采用现代化的社区管理模式，因而普遍缺失相应的安全责任人，安全规章制度并未层层落实到位。缺少对消防安全

图3–23 监控设施年久失修

工作的管理导致居民在住区内随意占用消防通道，破坏消防设施，使用、存储易燃易爆物品等情况时有发生。里弄住区内部各种管线，如网线、电话线、有线电视线等在住宅的外立面上随意敷设，不仅使住区环境受到影响，而且存在安全隐患。

3.3.7 居住人口结构复杂

上海的快速发展吸引了大量的外来人口，里弄住区以其低廉的租金成为外来人口落脚上海的首选之地。这里虽然生活条件较差，但距离市区较近，通勤方便，生活便捷。正因如此，里弄住区中的居住人口结构相对复杂，多是年长的本地人和大量的外来务工人员。居民的生活习性、个人素质等多方面的差异导致里弄住区内部生活环境混乱不堪，加之缺乏治理，大部分的里弄住区沦为城市中心区的消极居住空间。

4 上海里弄住区公共安全深入改造设计策略

4.1 里弄住区建筑设计层面的公共安全改造设计策略

4.1.1 针对里弄住区外部环境的改造设计策略

（1）住区外部交通改造

里弄住区外部交通拥堵最主要的原因是住区的围合式布局方式。在条件允许的情况下，可以拆除规模较大的里弄住区的围墙，设计网格状的住区道路，从而缓解住区外部交通拥堵给住区内部带来的交通疏散压力。这种改造方式虽然在一定程度上可以缓解外部交通压力，但是贯穿住区内部的交通道路打破了住区居民原本平静的生活。从保障住区居民的公共安全角度考虑，这种方式似乎并不完美。

（2）住区出入口改造

里弄住区大部分位于城市中心区域，住区出入口对着城市次干道或者支路开放[49]。由于中心城区人口密度高，因而住区出入口要承受更大的人流和车流疏散压力。以下针对一些里弄住区出入口存在的疏散问题，分析并提出几种住区出入口改造设计策略。

①出入口通行能力不够，导向不明确

里弄住区出入口的通行能力一般低于支路，机动车在住区出入口的行驶速度一般不超过 10 km/h[50]。由于里弄住区出入口的宽度较小，其通行能力受到极大的限制，无法满足高峰时车辆和人流双向集中进出的通行需求。针对这个问题，在不影响住区必要功能的前提下，尽量采取拓宽住区出入口的处理方式，并且引导机动车按照导向车道行驶。对于有两个及两个以上机动车出入口的里弄住区，若无法满足同一出入口分开进出的宽度要求，则可以设置出入口为机动车单向行驶，将一个出入口设置为机动车入口，另一个出入口设置为机动车出口，至于将哪一个设为出口或者入口，要根据面临的交通流量压力以及交通规则的要求来决定。同时，在不影响出入口两侧建筑的前提下，可以拆除出入口的装饰墙，将出入口拓宽 2 m 左右，并通过设置左、右门栏的方式引导进出车辆按照导向车道行驶（图 4–1）。

②出入口停留车辆影响市政道路交通

在下班晚高峰时段，需要进入里弄住区的车辆较多，时常会有车辆停在人行道上排队等待进入的情况发生，甚至有的车辆还会掉头。以上情况会干扰机动车

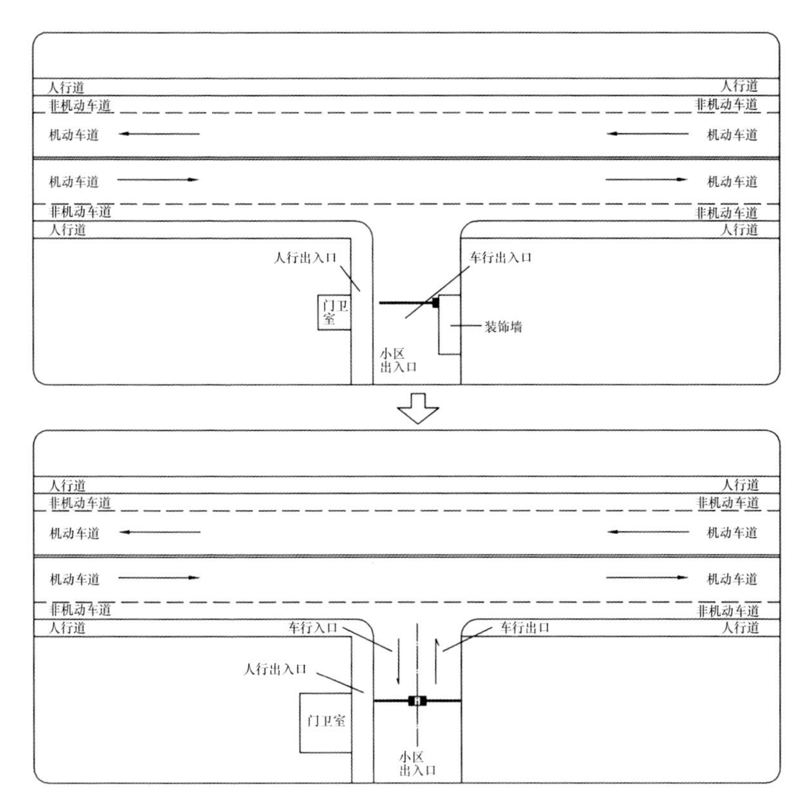

图 4–1　出入口改造设计

道上其他车辆的正常行驶，也会影响人行道上行人的通行，并且对行人造成极大的威胁。实际上，里弄住区出入口的治安岗亭门栏相当于出入口前的停车线，通过移动门栏的位置，将“停车线”后移，这样就可以给排队等待进入的车辆一个更大的缓冲区，减少车辆堵塞在人行道上的情况，也降低了对其他正常行驶车辆的影响，不仅提高了车辆进入住区内部的通行能力，还减少了行人与车辆的冲突，使住区居民的安全感有一定的提升（图 4–2）。

③出入口附近停车的影响

出租车在里弄住区出入口附近停车接客和下客比较随意，有些停在出入口的上游，有些停在出入口的下游，

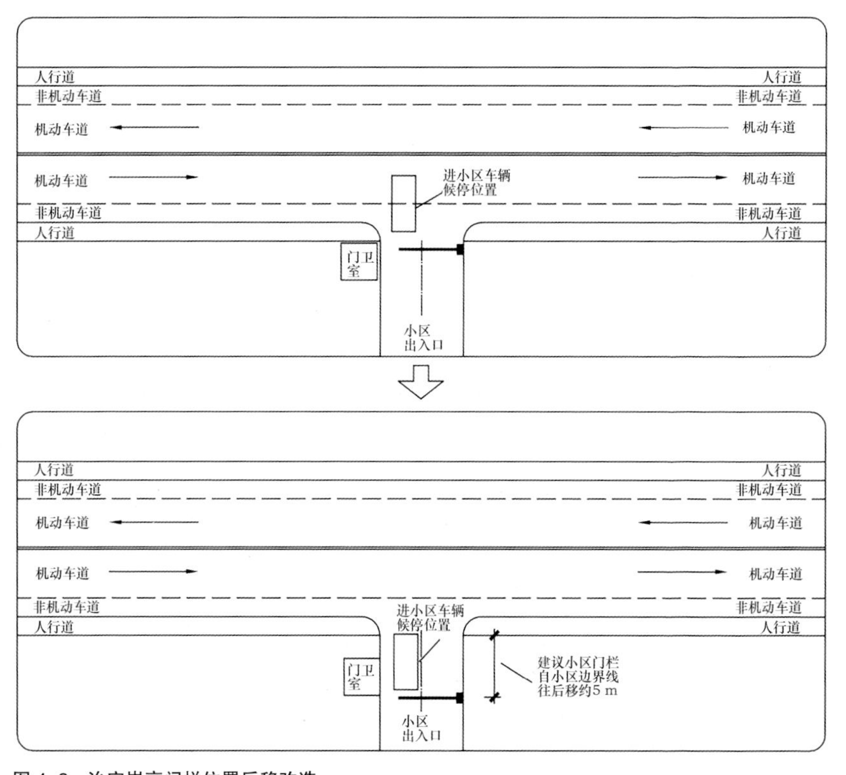

图 4–2　治安岗亭门栏位置后移改造

甚至有些会停在出入口当中。这些停留的出租车会影响从里弄住区出来的车辆驾驶员和行人对前方道路情况的判断，还会挡住在道路上行驶的车辆驾驶员的视线，这就相当于在两者之间形成了视觉上的盲点，很容易导致在住区出入口处出现交通事故。

针对以上情况，应对住区出入口加强管理，明确出入口周边禁止停车的区域，此区域的范围应该大于住区出入口的宽度。为了避免停靠的出租车干扰住区的进出车辆，还应该把范围控制在住区出入口道路边缘的界石切点位置以外（图 4–3）。

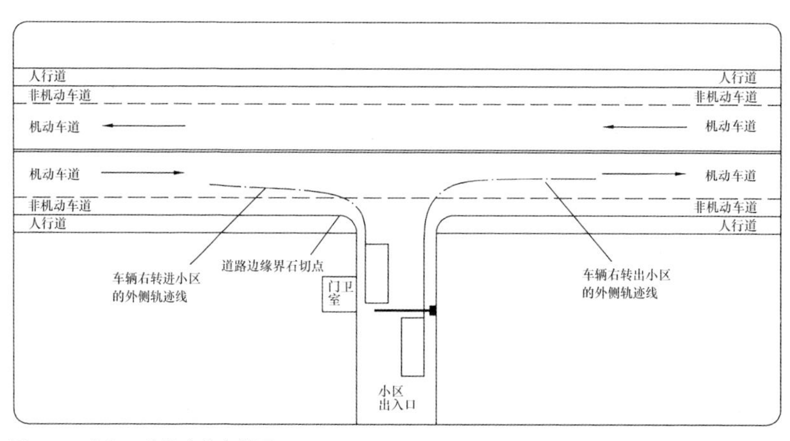

图 4–3　出入口处禁止停车范围

4.1.2 针对里弄住区住宅建筑结构的改造设计策略

（1）建筑内部空间改造

里弄住区的住宅户型比普通住宅小，内部储藏空间一般不能满足居民放置物品的需求。因此，大多数居民会将各种杂物放在走廊或者楼梯间，占用内部交通空间，妨碍居民的日常出行。最重要的是，本就狭窄的内部交通空间被杂物占用，一旦发生火灾或其他突发事件，人员的疏散逃生将受到极大的阻碍，而且放置的杂物还有可能加速火势的蔓延，给住区居民带来极大的安全隐患。因此，应尽可能拓展内部储藏空间，对实在无法进行拓展的，应加强住区居民的消防安全教育，尽量不要将杂物堵塞在内部疏散空间（图 4–4）。

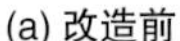

(a) 改造前

(b) 改造后

图 4–4　上海杨浦区某里弄住宅走廊改造前后对比

除了走廊和楼梯间堆放的杂物之外，里弄住区内部的楼梯也大都破损、变形或缺失。楼梯作为连接上、下层之间的通道，对居民的人身安全来说至关重要。我们通过调研分析发现，里弄住区内经常有老年人因楼梯损坏而跌倒受伤。图 4–5 为上海静安区某里弄住宅楼梯改造前后对比。在改造中，对已经损坏的楼梯进行维修加固，同时更换了新的扶手。

（2）建筑外立面改造

在里弄住区乱搭乱建的情况比较普遍，这不仅造成建筑外立面缺乏美感，而且降低了建筑结构的安全性能。集中对里弄住区的建筑外立面进行翻新、改造是里弄住

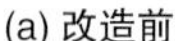

(a) 改造前

(b) 改造后

图 4–5　上海静安区某里弄住宅楼梯改造前后对比

区改造设计的重点之一（表 4–1）。里弄住宅的外窗常采用老式木制窗或钢窗，这类外窗无论从美观还是功能方面来说都有被更换的必要。一部分居民已经自己更换了推拉或者平开的铝合金窗，但质量参差不齐。针对以上不同情况，需采取不同的措施进行改造。

表 4–1　里弄住区建筑外立面改造设计的基本方式和特点

方式	特点	图示
待进行外立面改造的旧住宅单体	原结构体系完好，保留利用	
更新外立面材料	简便易行，主要改变外立面色彩、构图以及肌理，形体变化很小	
外立面局部加建	提升和扩充原有建筑功能，形体变化较大，需要整体设计	
完全更换外围护结构	适用于框架结构体系，改造程度大，对内、外空间都有影响	
外部加建一层表皮，形成双层外立面	完全新建一层外立面，改造程度极大，形式变化自由	

①材料更新

最常见的改造措施是更新外立面材料。这种措施适用面广，工期短，造价低。外立面材料主要起到保护和装饰的作用，在满足建筑防水、隔音等需求的同时，还能起到美化住区的作用。除了材料更新，还有外立面局部加建和完全更换外围护结构等改造措施。

②垂直绿化

垂直绿化是一种在建筑物或其他构筑物立面上种植绿色植物的新型绿化措施（图 4–6）。对于里弄住区而言，缺乏绿化、环境单调降低了居民对住区的归属感，这种利用植物作为建筑“外衣”的改造措施，一方面能够弥补地面绿化面积不足的问题，另一方面能够调解微气候，改善建筑能耗和碳排放问题，有利于住区居民的身心健康，提升居民对住区的归属感和安全感。

③更换外窗

由于建造时间久远，里弄住区原有外窗老化或损坏较为严重，安全性不高，需要对这些外窗进行彻底的更换。在更换过程中，应该合理地选择和搭配玻璃类型、窗框类型，提高外窗的使用性能。针对已经更换过的外窗，可以采取局部修缮的措施进行改造（表 4–2）。

图 4-6　里弄住区垂直绿化

表 4–2　　里弄住区原有外窗局部修缮的改造

改造措施	特点	适合类型	节能效果
更换玻璃	将单层玻璃更换为新型节能玻璃，如中空玻璃、吸热玻璃、热反射玻璃、低辐射玻璃、着色玻璃等。保持原有窗户的框材结构和外观，操作方便	平开窗 推拉窗	较好
增加窗户	在原有窗框上增加一层窗户，使窗户变成双层窗结构，或在窗台上重新安装一层窗户	平开窗 推拉窗	好
局部改为固定窗扇	将其中一面可活动窗扇改造为固定窗扇，减少空气渗透，达到节能的目的	推拉窗	较弱

（3）建筑结构加固

建筑结构是建筑物使用年限的决定性因素，安全性、耐久性和适用性是其最重要的功能要求。随着人们生活水平的提高，以及安全意识的加强，老旧住宅的抗震加固任务变得日益迫切[51]。根据《建筑抗震鉴定标准》（GB 50023—2009）[52]和《建筑抗震加固技术规程》（JGJ 116—2009）[53]，对于现有的老旧住宅，可以确定其后续使用年限，并对其综合抗震能力进行评价。抗震鉴定结果认为在遭遇到预期的地震影响时，综合抗震能力不足的房屋，需要进行抗震加固。

①对建筑外墙进行维修或加固，保持街区的空间尺度。如果因外墙本身结构原因加固有困难，也可依据原有街区尺度、建筑风格进行部分拆落地重建[54]，对内部结构进行改造，配备现代商业、休闲、娱乐空间所需要

的各类设施，对建筑外部环境进行必要的调整。

②部分里弄建筑本身时间久远，建筑外观老化，建筑结构需要通过技术手段进行抗震加固（图 4–7 和图 4–8）。抗震加固方法可以分为两种：一种是传统加

图 4–7　阻尼器加固

图 4–8　隔震支座

固方法，另一种是新型加固方法。传统加固方法应用广泛，加固方便，造价相对经济，对施工条件没有太高的要求，并且具有良好的耐火性和耐久性，大部分技术都在实际地震中经受住了考验，加固效果可靠，因此对于老旧住宅来说，建议优先选用该种方法。新型加固方法主要包括抗震加固、减震加固[55]和隔震加固等。

4.1.3 针对里弄住区内部交通疏散的改造设计策略

在走访中，我们对里弄住区内部交通的满意度做了相应调查。结果显示，居民对里弄住区内部交通非常满意的占27%，比较满意的占17%，一般的占33%，不满意的占17%，非常不满意的占6%[56]。不满意的原因主要在于人车矛盾以及弄内交通道路宽度较小，无法满足高峰时段的正常出行，更不用谈紧急情况发生时的人员疏散。一般而言，里弄住区纵横交错的内部道路会降低疏散效率；当通往避难场所的主通道上路网容量不足时，也会产生拥挤进而延长疏散时间[57]。因缺乏管理，大部分里弄住区没有准备详细的突发灾害应急预案，缺少应急演练及救援人员的现场指挥，一旦发生紧急事件，如火灾等，处于恐慌状态的住区居民的疏散效率将大大降低[58]。针对以上疏散难题，我们提出以下应对里弄住区内部交通疏散的改造设计策略。

（1）在条件允许的情况下，尽可能加大主巷的宽度，保证车辆在主巷里可以顺利通行。有些里弄住区可以牺牲部分住宅面积以便拓宽交通空间，保证车辆可以在主巷会车，还可以满足消防车通行的要求。

（2）设置街心花园或建筑小品，阻止车辆进入次级道路[59]。

（3）尽量保证停车空间充足，在条件允许的情况下，可以有选择性地拓展地下空间，解决一部分停车问题。另外，空出原有部分无法继续使用的里弄住宅，改建地上停车场，在其外围周边可以考虑设置具有阻挡性的设施或绿化，减少噪声污染，并且阻隔人群。

（4）针对里弄住区的建筑特点，可以设计一种专用于里弄住区居民逃生的工具（图 4–9）。因为住区道路比较狭窄，当发生火灾时，消防车可能无法进入部分住区，并且由于户型狭小，在火灾较大时，通过木构架楼梯逃生也存在一定风险。该逃生工具结构狭长，可以线性排列在里弄住区内，占地空间小，当住宅失火时，

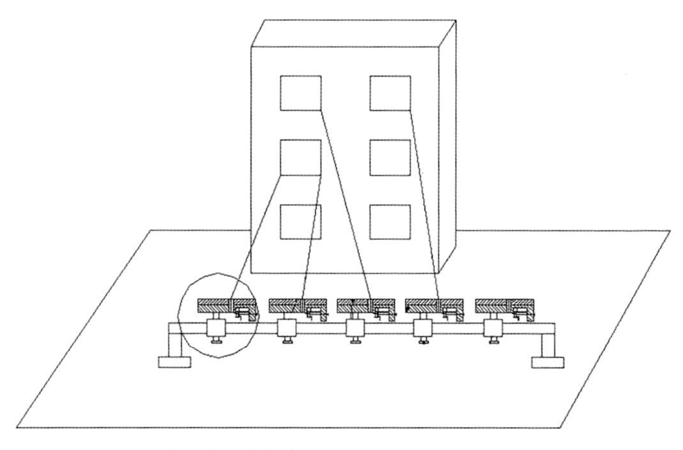

图 4–9　用于里弄住区居民逃生的工具

能实现快速固定逃生绳，被困人员可通过绳子快速安全下滑。绳子的长度可以自由调节，防止晃动，使被困人员更容易抓紧绳子,避免掉落摔伤。L形板上连接海绵层，可以有效防止被困人员在下滑到地面时摔伤，安全系数高，逃生成功率高。该逃生工具可以有效解决消防车无法进入而导致救援缓慢的问题，大大加快紧急情况发生时的疏散逃生速度。

（5）针对里弄住区内部的交通现状，我们借助 Pathfinder 软件进行疏散模拟分析，选取步高里里弄住区为疏散模拟的对象，根据疏散要求，建立相关疏散模型（图 4–10）。步高里里弄住区共有 4 个出入口，现仅有

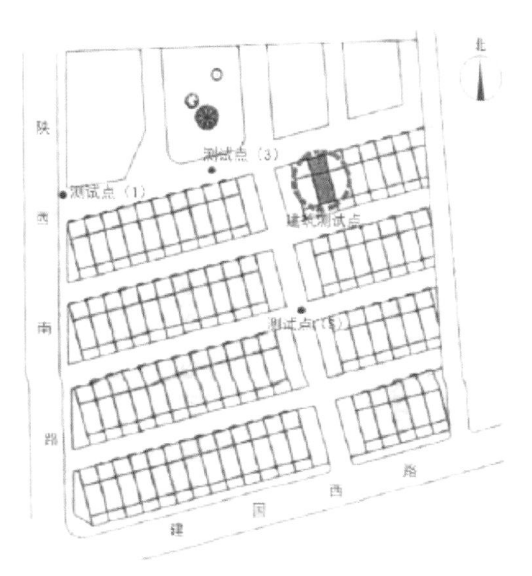

图 4–10　步高里里弄住区平面图

2个出入口是打开的，其余2个出入口均处于关闭状态。本次疏散模拟将围绕步高里里弄住区4个出入口均为打开的状态进行，拟设住区内疏散人数为220人，且均为健康状态，无其他干扰。

根据疏散模拟结果，步高里里弄住区在4个出入口同时打开的情况下，住区内人员全部疏散至住区外部仅需要90秒的时间，这个时间可以较为有效地避免紧急事件的危害，较大程度地减少人员伤亡。在仅有2个出入口打开的情况下，所需疏散时间较长，不利于紧急事件如火灾发生时人员的快速疏散逃生，因此建议步高里里弄住区打开4个出入口，并保持出入口通畅，保障住区居民的安全（图4–11至图4–13）。

4.1.4 针对里弄住区公共活动空间的改造设计策略

由于里弄住区中老年人较多，因而对于公共活动空间的需求更高。里弄住区已有一定的建造时间，公共活动空间的现状问题是日积月累形成的。针对里弄住区公共活动空间较少、面积较小、空间质量差、可达性差、类型单一等问题，我们提出以下公共活动空间改造设计策略。

（1）场地功能分区

里弄住区公共活动空间设计范围较小，基本没有专门的分区。在同一个公共活动空间中，有打牌的，有散步的，还有带着小孩玩耍嬉闹的，人们可能会相互干扰，

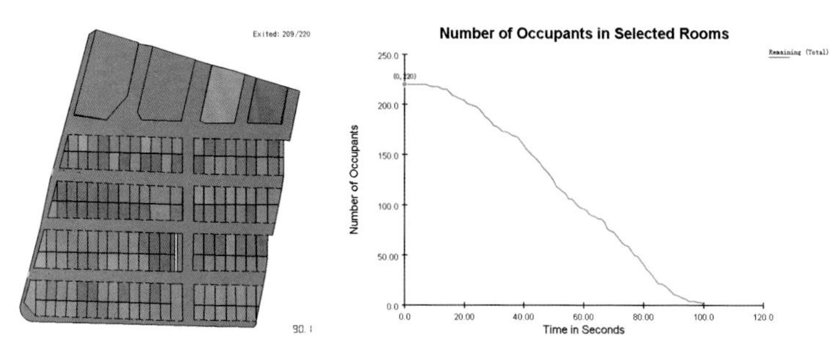

图 4-11　步高里里弄住区 2 个出入口同时打开所需疏散时间

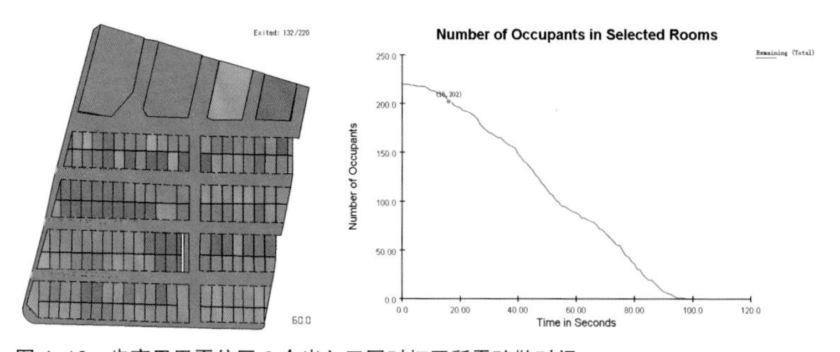

图 4-12　步高里里弄住区 3 个出入口同时打开所需疏散时间

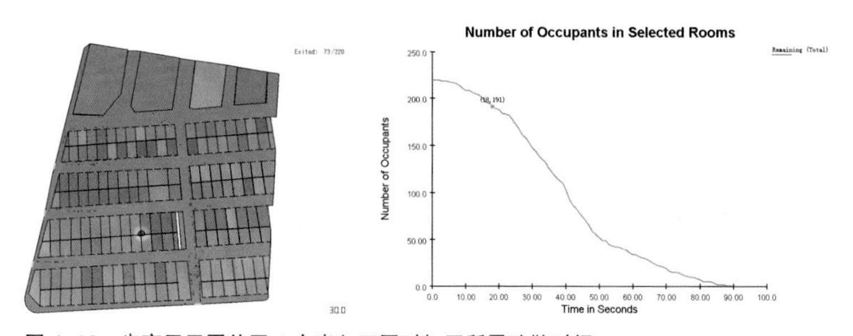

图 4-13　步高里里弄住区 4 个出入口同时打开所需疏散时间

导致住区公共活动空间功能分区混乱。因此，需要考虑不同居民的需求，将公共活动空间分为动态空间和静态空间，并根据需求建造相应的建筑小品（图 4–14），同时保证不同区间视野开阔，能互相看到但又互不干扰，满足居民欣赏周边环境的需求。

（2）布置小型活动设施，增加活动类型

里弄住区本身公共活动空间较少，且大多位于较偏僻的位置，可达性不强[60]，缺乏活动设施，加之管理不当，人员杂乱，整体活动空间较差，甚至无法继续使用。在对住区居民的活动需求进行调研后，布置小型活动设施（图 4–15），比如健身器材、乒乓球台等，将它们与环境进行有效结合，可以弥补公共活动空间类型单一和数量不足的问题。在可达性较差的区域可以设置无障碍通道，让偏僻的公共活动空间被重新利用起来，丰富住区居民的日常生活。

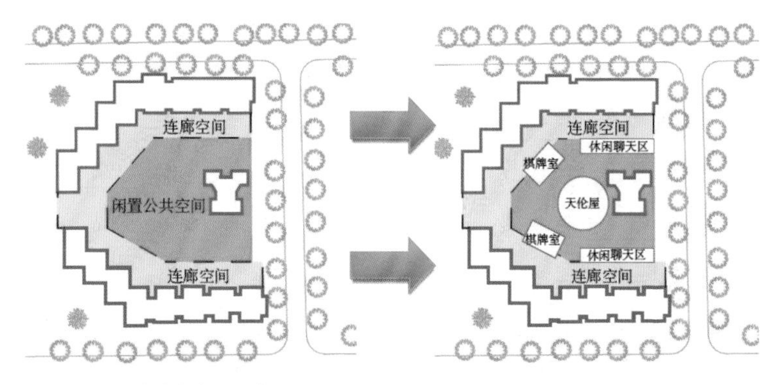

图 4–14　场地功能分区改造

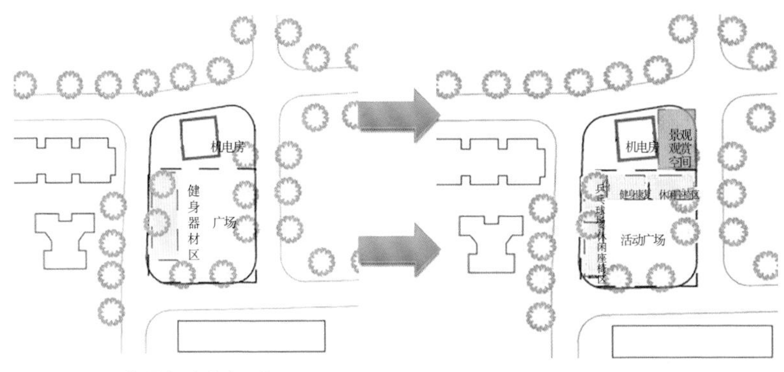

图 4–15　布置小型活动设施

（3）空间功能重组，丰富空间层次

里弄住区的公共活动空间功能单一，不能满足老年人在活动时的多种空间需求。例如，每天清晨有许多老年人聚集在雕塑公园打太极拳和跳广场舞，但现有开阔场地很小，因此考虑在公园中心设置广场，供老年人使用。另外，在广场周边可以设置具有不同功能的场地，丰富空间层次，为住区居民的户外活动提供多样性的选择（图 4–16）。

4.1.5　针对里弄住区绿化景观的改造设计策略

除了花园式里弄住区以外，其他类型的大部分里弄住区的绿化率都不达标。通过走访调研发现，大部分里弄住区的居民对内部绿化是否满意的回答是："基本没有绿化，也就谈不上满意与否。"针对里弄住区绿化景观较差的情况，我们提出以下改造设计策略。

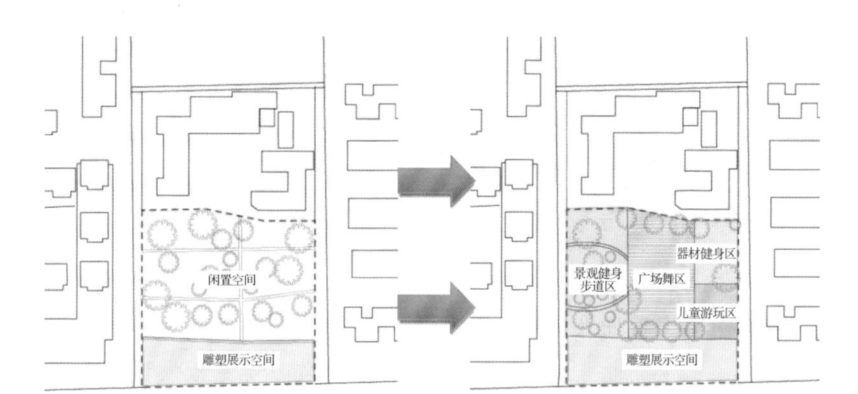

图 4–16　丰富空间层次

（1）提高绿化景观的观赏性

里弄住区公共空间的绿化景观现状为规模不大，很少有高大的树木，多为草坪和硬质铺地。里弄住区公共空间是居民日常活动较频繁的地方，绿化景观应以观赏性为主，应选择种植灌木和花草，通过合理的日常管理使公共环境更加令人赏心悦目，激发居民外出活动的兴趣（图 4–17）。

（2）丰富绿化植被类型

里弄住区公共空间的绿化景观形式较为单一，主要由乔木和灌木组成，因缺乏管理，绿植中杂草丛生，遍布垃圾，让人很难停留。在改造中，可以选择增添不同类型的树木花草，丰富公共空间的色彩。另外，里弄住区居民在日常活动中普遍选择的形式是散步，因此也可以在增添植物之余设置健康步行道，在为居民提供锻炼身体的场地的同时提高空间的吸引力。

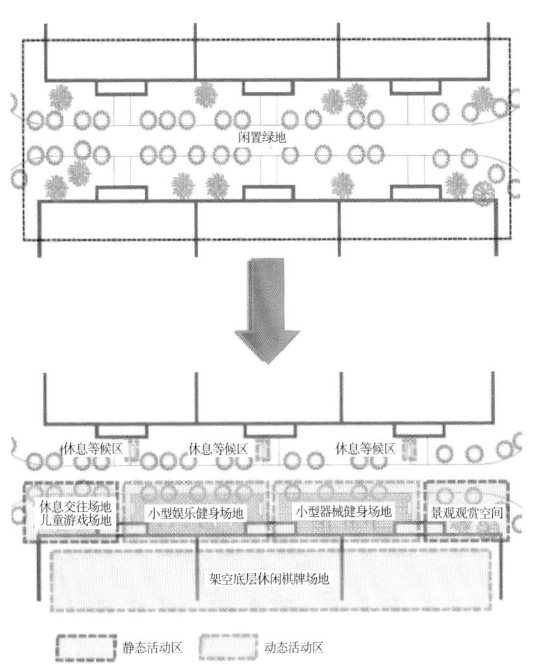

图 4-17　提高绿化景观的观赏性

4.2　里弄住区公共设施层面的公共安全改造设计策略

4.2.1　消防设施

里弄住区在建造之初，并没有配套能满足现今规范要求的消防给水设施，因此里弄住区所在区域内消防供水严重不足。此外，里弄住区所在区域内街道狭窄，消防车难以进入，一旦遭遇火灾险情，火势不能得到有效控制，因此必须针对里弄住区进行消防设施的完善与改造，满足其应对突发火灾的需求。

首先，对于建筑布局较为规整的行列式里弄住区，可以结合区域上位消防规划设计，敷设消防用水专用管线，接入市政消防供水网络，以便满足要求。在里弄住区所在区域增设消防栓（服务半径不应超过 50 m）、消防喷淋设施、消防工具存放处等。

其次，对于木构架或砖木结构混合的里弄住区，必须配置室内消防设施，并在室内增设喷淋灭火系统和火灾报警设施（图 4–18）。合理布置室外消火栓和消防水喉，每隔一段距离设置一个室外消火栓，其色彩装饰宜与周围建筑风貌相协调。对于消防车无法进入的里弄住区，可以设置室外地下式消火栓，周边配备水枪、水带[61]。经济实用的自动火灾报警系统、手提式灭火器等可以应对小范围的火灾事故。此外，要定期对消防设施进行检修，检查室外消火栓，保证其能够正常使用，一旦有火

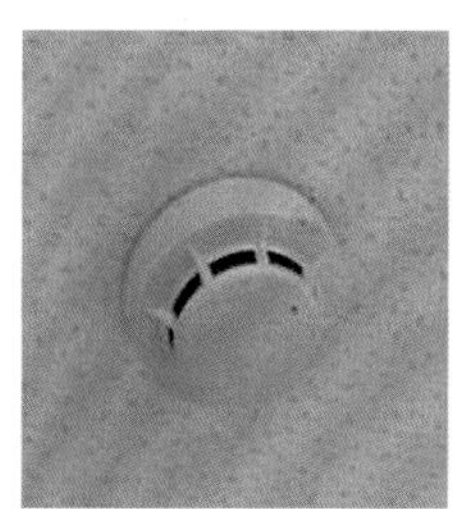
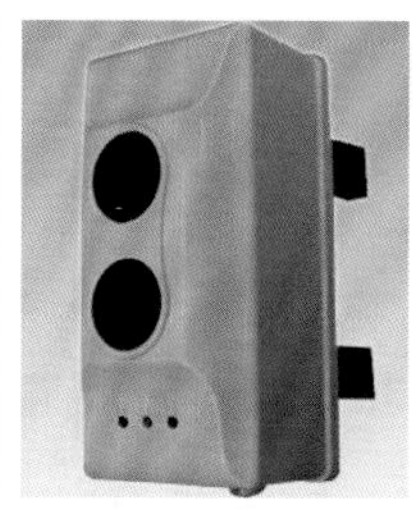
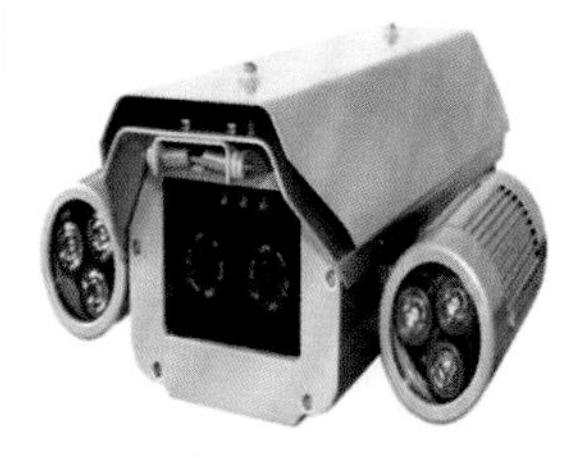

图 4–18　火灾报警设施：普通烟感报警器、线型光束烟感探测器、图像型火灾探测器

灾发生，能够尽快采取有效措施，使里弄住区居民的生命安全得到保障。

4.2.2 照明设施

（1）按照相关标准要求设计照明设施

长期以来，国际照明委员会（CIE）推荐的照明方法和标准是我国照明技术参考标准的基础。CIE 第 92 号出版物《城区照明指南》提出了 1.5 m 高处最小半柱面照度的概念，以提高实际过程中辨认他人的概率，同时塑造良好的立体感。在里弄住区，没有路灯或者路灯设置少、位置不合理的现象比较普遍，室外照明改造应该按照相关标准进行（表 4–3 至表 4–6）。适宜的室外照明能够给居民提供必要的安全感，消除暗区，减少住区内的犯罪活动，以及限制光污染对住宅的影响。

表 4–3　　人行道路口的照明要求

区域	平均水平照度 /lx	最小水平照度 /lx
居住区	20	6

表 4–4　　居住区区域道路的照明要求

区域	平均水平照度 /lx	最小水平照度 /lx	最小半柱面照度 /lx	眩光值 /$LA^{0.25}$
中密度行人	3.0	1.0	0.8	（a）6 000 （b）8 000 （c）10 000
高密度行人	4.0	1.5	1.0	

表 4–5　　专用居住区的照明要求

<table>
<tr><th>区域</th><th>平均水平照度 /lx</th><th>最小水平照度 /lx</th><th>最小半柱面照度 /lx</th><th>眩光值 /$LA^{0.25}$</th></tr>
<tr><td>高密度使用区</td><td>8</td><td>4</td><td>3</td><td rowspan="3">（a）6 000
（b）8 000
（c）10 000</td></tr>
<tr><td>中密度使用区</td><td>5</td><td>2</td><td>2</td></tr>
<tr><td>低密度使用区</td><td>3</td><td>1</td><td>1</td></tr>
</table>

表 4–6　　人行道路的照明要求

<table>
<tr><th>区域</th><th>夜间行人流量</th><th>路面平均照度维持值 /lx</th><th>路面最小照度维持值 /lx</th><th>最小垂直照度 /lx</th></tr>
<tr><td rowspan="3">居住区</td><td>流量高的道路</td><td>10.0</td><td>3.0</td><td>2.0</td></tr>
<tr><td>流量中的道路</td><td>7.5</td><td>1.5</td><td>1.5</td></tr>
<tr><td>流量低的道路</td><td>5.0</td><td>1.0</td><td>1.0</td></tr>
</table>

（2）设计室外照明的导向性

里弄住区出入口的室外照明要明确其导向性，不能使进出住区的人感到迷惑。在住区内部的主要交叉路口、组团入口和道路标识这些具有很强导向性的位置，应该注意室外照明的设计，以保障住区的导向性交通安全[62]。此外，在住区中应设置应急照明，以便能够在紧急情况下疏散人流，方便消防车、救护车、警车以及救援人员等进行救护救援[63]。

（3）引进照明节能新技术

对里弄住区内缺少照明设施的地方进行补充，确保满足照明要求。应格外注意容易发生危险的地带，确保夜晚住区室外环境的安全性。灯具样式应能融入住区的整体环境，可以使用节能灯具，比如太阳能灯具，以节约能源。住区内的公共场所照明控制可采用节能方式，做到人来灯亮，人走灯灭。住区内的道路系统照明宜采用日光自控器控制[64]，做到天亮灯灭，天黑灯亮。住区内部还可以使用低位灯具，这类灯具常起到路面照射、交通警示、空间限定、低矮景观照明的作用，结合绿化照明也有较好的效果，还可以有效防止眩光（图 4–19和图 4–20）。

图 4–19　起交通警示作用的低位灯具

图 4-20　低位灯具结合绿化照明

4.2.3　电气设施

许多里弄住区的电气设计没有考虑家用电器普及和快速发展的情况，导致住区居民在使用功率较大的家用电器时，住宅的电气线路不堪重负，频繁跳闸，严重的甚至引起电气火灾，给里弄住区居民的生命和财产安全带来了极大的隐患 [65]。因此，里弄住区的电气改造是重要的民生工程之一。针对里弄住区电气改造中的有关问题，我们提出如下改造设计策略。

（1）进户线以及其他导线应该由铝线换成铜线，铜线更加符合电路安全和防火要求。家用电器的用电负荷越来越重，而电能表的容量有限，导致不少居民家中电能表由于用电负荷增加而烧坏[66]。针对这种情况，应更换负荷能力更强的电能表。

（2）通过走访调研发现，里弄住区布置的插座数量太少，不能满足使用需求，所以有的住户会私接移动插座，这往往成为安全隐患。针对这种情况，应增设足够数量的专用插座，避免私接移动插座的情况发生，尽量保证满足所有住户的使用需求（图 4–21 和图 4–22）。

图 4–21 在非机动车停放处设置专用插座

图 4-22　在住宅底层设置专用插座

4.3　里弄住区安全管理层面的公共安全改造设计策略

4.3.1　物业管理

上海现有里弄住区的居住人口众多，过高的居住人口密度减小了居民的人均生活空间与面积，这给里弄住区的整体居住环境、社会治安等方面都带来一系列的负面影响。

降低居住人口密度是里弄住区更新的关键，这涉及政治、经济和人文等因素，关系到政府部门、房地产开发商和普通居民的利益分配，是一个极其复杂的工程[67]。

里弄住区的物业部门在其中可以起到至关重要的作用。物业部门可以协调里弄住区居民的邻里关系，改善社会人文结构。另外，物业部门还可以加强对入住人员的管理。

4.3.2 居民人身安全管理

通过走访调研发现，里弄住区内威胁居民人身安全的事件时有发生，主要是由突发事件引起的，例如，交通事故、火灾、盗抢等。针对这些突发事件，首先，应做好预防和监督管理工作，由居委会或者街道办等组织专门的管理人员，负责住区内部突发事件的预防和监督管理工作。其次，借用先进的辅助工具也是必不可少的，对住区内的监控设施要做好检查和维修工作，保证监控设施能起到提供安全保障和监督的作用。

5
上海里弄住区公共安全改造案例分析

5.1 新、旧里弄住区——卢湾 44 街坊

5.1.1 项目背景

卢湾44街坊(图5-1和图5-2)位于上海市合肥路以北、复兴中路以南、黄陂南路以西、马当路以东地区[68]，原有建筑4.09万 m^2，包括2.87万 m^2 的住宅建筑和1.22万 m^2

图 5-1 卢湾 44 街坊位置

图 5-2　卢湾 44 街坊鸟瞰

的非住宅建筑。卢湾 44 街坊为新、旧里弄住区混合式街坊，新式里弄建筑面积为 1.2 万 m^2，旧式里弄建筑面积为 1.67 万 m^2，居住户数为 890 户。

5.1.2　项目现状

1991 年，卢湾 44 街坊开始进行改造。根据具体情况，主要采取改建、维修保留和拆除重建并举的办法，住区公共安全改造设计也是其中的重要部分[69]。改建部分主要是马当路 301 弄（振华里）70 幢砖木结构的旧式里弄住宅。为了改善住宅内高密度的人口现状，由二层改成三层复式新式里弄住宅，并加建小阳台，增添卫生设施。维修部分是对新式石库门里弄住宅进行大修，保留原有石库门建筑风貌，卫生设施分层使用，可有效减少街坊内公共卫生事件的发生，维修面积为 24 435 m^2。拆除复兴中路 335 至 377 号、马当路 283 至 287 号部分沿街旧式里弄住宅[70]，建设高标准住宅楼和综合楼，新建绿地，拓宽弄道空间。改造后，卢湾 44 街坊公共设施较为齐全，给排水系统基本能够满足住区需求，公共安全隐患也大大降低（图 5–3 至图 5–5）。

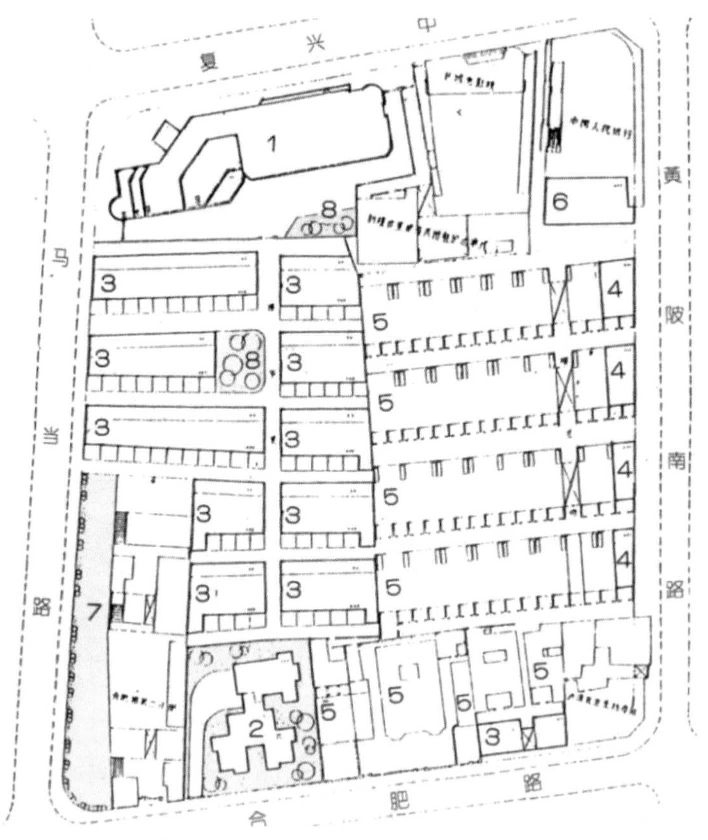

图 5–3　卢湾 44 街坊总平面图

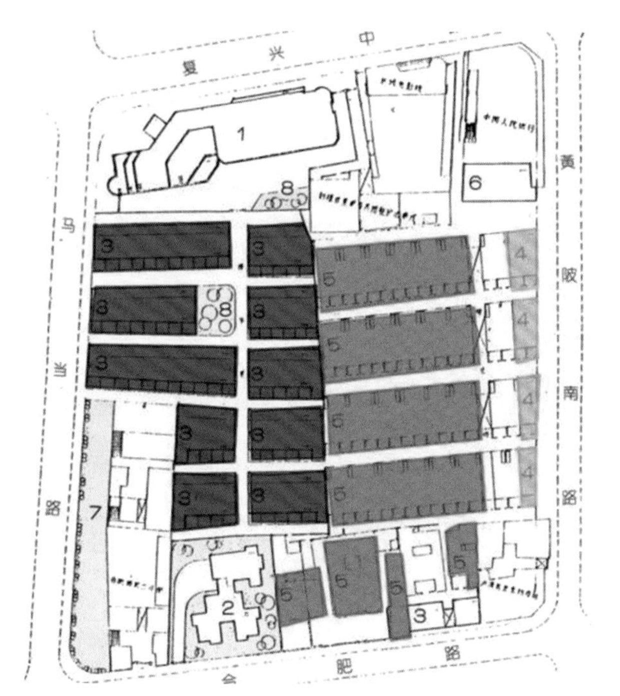

图 5-4　待改造房屋分布

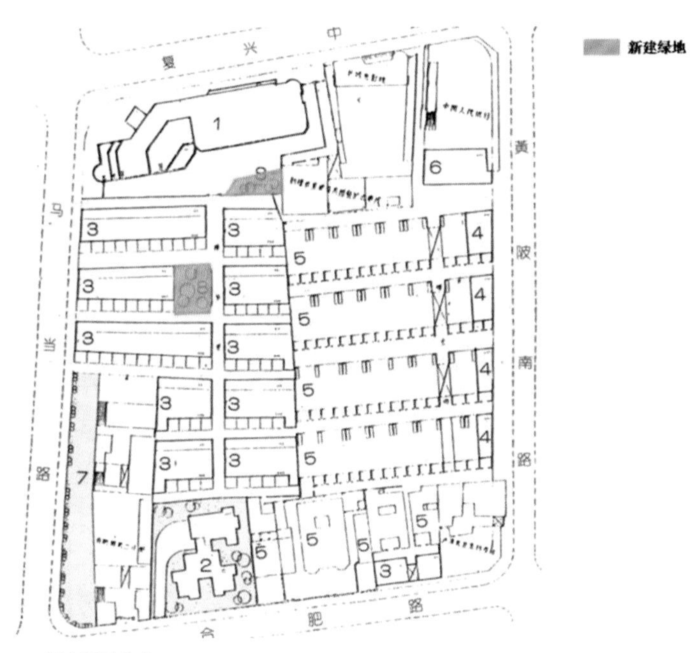

图 5-5　新建绿地分布

5.1.3 卢湾44街坊公共安全方面的改造设计

（1）道路交通

①拆除部分沿街的砖木结构两层旧式里弄住宅，拓宽弄堂内的道路，缓解车行和人行交通的压力。

②通过平面规划，把原来一开间设1 m宽度窄、坡度陡的木梯，改成二至三开间设1 m宽度大、坡度缓的钢筋混凝土楼梯。

③结合规划进行综合改造，退让建筑红线。

（2）住区公共空间

①按照规划要求后退建筑红线进行改造，扩建银行办公楼，调整学校建设用地，拆除旧房2 700 m^2，疏解居民140户，新建绿地100 m^2。

②在宅间设置娱乐休闲空间，每户院子里增设3 m^2的绿地，改善日照和通风条件，美化环境。提高内部空间的利用率，释放出走廊、楼梯间等公共空间。

③拆除旧房6 436 m^2，疏解居民191户，新建综合楼8 200 m^2和高标准住宅楼1 100 m^2，新建绿地540 m^2。

（3）建筑结构

①改造结构较好的旧式里弄石库门住宅，样板房改造前是砖木结构的两层旧式里弄石库门住宅，利用原两层木楼面，将其整体下降到所需高度，保留两端山墙及中间22 mm厚承重墙，拆除木立柱，将屋架及木柱间填

充墙改成砖墙承重。

②在保持原有风貌的前提下，对新式里弄住宅以及非住宅建筑进行大修，并结合改善工程，做到住宅中设备成套、分层使用，提高居住质量和房屋完好率。

（4）公共设施

①安装对讲系统防盗门、闭路电视监控、消防设施等住区公共安全防护设施（图 5-6）。

②合理设置小区照明设施。

图 5-6　卢湾 44 街坊改造后现状

5.1.4 卢湾 44 街坊公共安全方面改造设计的意义

从卢湾 44 街坊的案例可以看出，改造是在保留原有建筑外貌的基础上，对内部结构、平面布局进行调整。整个卢湾 44 街坊的改造过程对于其他里弄住区公共安全改造设计具有重要的借鉴意义。

（1）建筑结构

对住宅的整体建筑结构进行加固改造，不论是使用性能还是抵抗灾害的性能都得到了提升。

（2）公共空间

对住区环境进行改善，不仅延续了住区的历史风貌，而且提升了住区的居民生活水平，实现了社会效益和环境效益的双丰收，增强了居民对住区的归属感、信任感和安全感，居民心理得到了一定的满足。

（3）建筑内部空间

楼梯等公共空间在改造后更适合居民使用，并且在使用过程中更加安全。

（4）公共安全管理

大部分居民都为原地安置，这种方式对住区的社会结构影响较小，对住区公共安全管理是一个有利条件，更容易激发住区居民参与住区公共安全管理的热情，在遇到突发的公共安全事件时更容易互相帮助，及时采取救援措施，将公共安全事件的伤害降至最低限度。

卢湾 44 街坊在公共安全方面的改造经验表明：建

筑密度高、人口密度高、住区内配套设施陈旧、交通疏散困难等是位于城市中心区域的里弄住区所无法回避的实际问题。里弄住区的公共安全设计改造无法完全按照现有规范进行，如住宅间距、绿化率、停车指标等。对于这类小区公共安全方面的改造，应该在现有条件下，尽可能降低住区内公共安全事件发生的可能性，做好应对公共安全事件的一切准备，预防可能发生的公共安全事件，不能直接解决的可以考虑采用间接的方法进行解决等。

5.2 花园式里弄住区——思南路花园住区

5.2.1 项目背景

思南路花园住区（图 5–7）项目位于上海市中心复兴中路、思南路区域，其范围东起重庆南路高架，西至思南路西侧花园住宅边界，南至原上海第二医科大学宿舍区，北抵复兴中路。该花园式里弄住区沿思南路两侧有花园住宅，沿复兴路有少量花园住宅和石库门住宅——万福坊与伟达坊，该区域是上海衡山路—复兴路历史文化风貌区的重要组成部分。

图 5-7　思南路花园住区区位分析

5.2.2 项目现状

思南路花园住区项目占地面积约为 5.1 万 m^2，建筑面积约为 5.7 万 m^2，其中需要保留的老旧建筑 49 幢，面积约为 3 万 m^2，其余为新建建筑（图 5–8 和图 5–9）。思南路花园住区形成于 20 世纪初，由 23 幢独立式花园住宅（义品村）构成住区的主体，这是上海独立式花园住宅建造兴起时较早、较典型的例子[71]。该花园住区四周环境幽静秀丽，北部有复兴公园，且周边分布了不少名人故居，文化氛围浓烈。住区北部的复兴中路是由东向西的单行道路，其东部的重庆南路高架是城市南北高架干线道路。住区南部的建国中路是由西向东的单行道路，是小区交通出行最重要的道路之一，也是重要的城市交通道路。

5.2.3 思南路花园住区公共安全方面存在的问题

（1）建筑结构

思南路花园住区的建筑大多已存在超过 60 年，由于长期过度使用以及缺乏维护，建筑完整性很低，粉刷及砌体表面长期暴露在空气中，脱落、粉化的情况严重（图 5–10 和图 5–11）。楼地面出现腐烂现象，特别是底层地面更加严重，地板面的沉陷问题也表现出来，居住质量非常低劣。楼道内违章搭建、杂物堆放随处可见，为了扩大居住和使用空间，一些私人业主进行了大量的

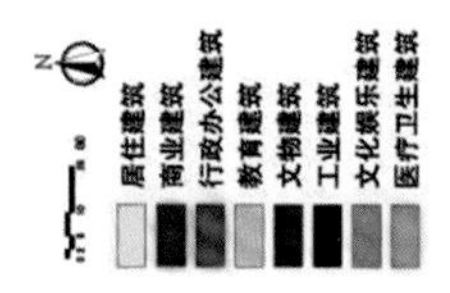

图 5–8　思南路花园住区建筑性质现状分析

图 5-9 思南路花园住区周边道路现状分析

图 5–10 思南路花园住区建筑年代现状分析

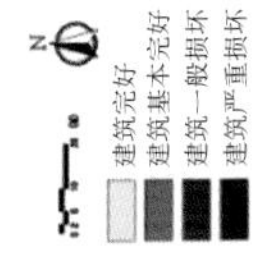

图 5-11 思南路花园住区建筑质量评价分析

改造和装修，与其原有的使用功能大相径庭，甚至还出现破坏性使用的情况。

（2）住区内部环境

思南路花园住区内部除了住宅用地外，还有零星的办公、商业、工厂等用地，地块穿插零碎，严重影响了居住环境和历史风貌。住区内部杂乱无章，各类简易屋、临时房和违章搭建的建筑侵占了原有的用地空间，建筑的内、外环境遭到了严重破坏。独立式花园住宅的花园相对完整，但由于疏于管理，到处杂草丛生（图 5-12 至图 5-14）。

（3）安全管理

住区内消防设施等基础设施虽然完善，但是由于缺乏管理，破损严重。煤气管随意挂在外墙上，通信、配电线网架设杂乱，存在很多隐患。

5.2.4 住区公共安全方面的改造设计

不同于一般的老旧住区，思南路花园住区作为宝贵的城市遗产，只能通过保留和保护改造的方式，优化住区环境，保障住区公共安全。上海同济城市规划设计研究院有限公司负责编制了《上海市卢湾区思南路花园住宅区保护与整治规划》，以此为依据，进行相应的改造设计。将这些优秀的历史建筑保留下来，使其保持原有的建筑风貌，同时保障住区居民的公共安全，这是整个项目改造提出的高要求。在实际的改造中，针对公共安

图 5-12 思南路花园住区用地性质现状分析

图 5-13 思南路花园住区建筑空间形态分析

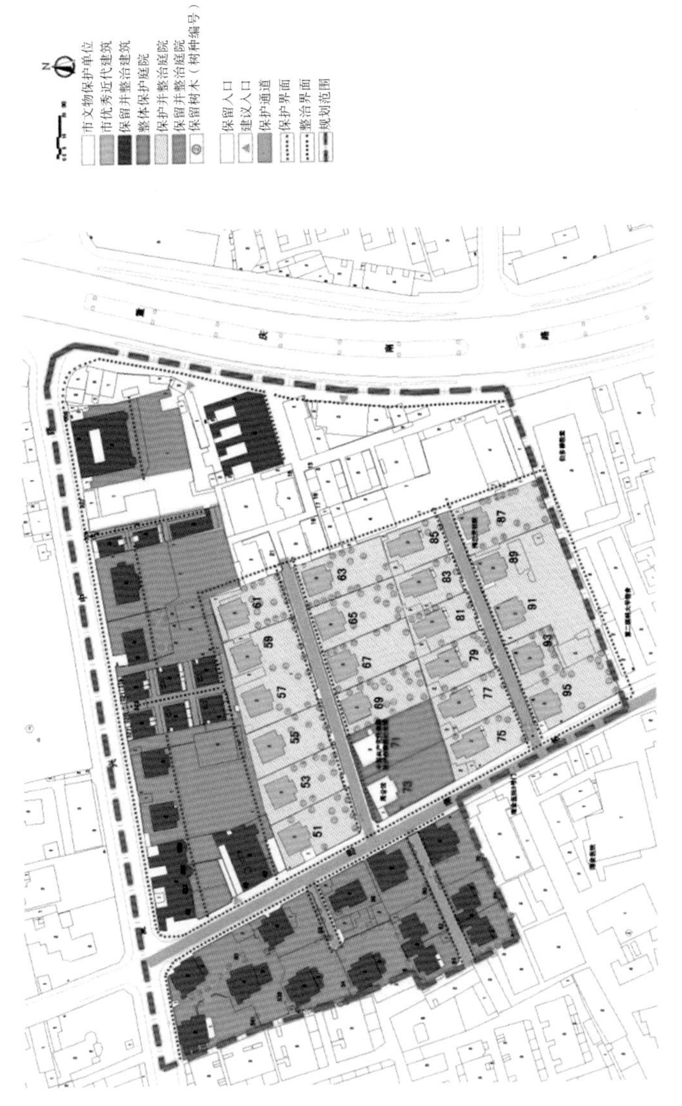

图 5-14　思南路花园住区环境要素保护与整治分析

全方面也采取了多项措施，最大限度地加强了住区公共安全（图 5–15 至图 5–18）。

（1）建筑结构

①在结构体系基本不变的前提下，对地基、外墙面、楼板、屋架进行加固或置换处理。保留原有的外墙、门窗、楼梯、屋面及装饰构件，对这些部件进行清洗、修补，或按原样重置，使外观形态保持原来的特征。

②拆除所有搭建，修复所有被改变或被破坏的局部，修复方式要尊重原有建筑的形式、材料及建造技术。对空调室外机等不得不在室外增加的元素进行整体设计，并且不破坏整体风貌。

（2）道路交通

①设置有标志性的住区出入口，控制车辆进出，保持出入口的通畅。

②住宅区域与服务区域之间设置服务性景观道路，可以作为参观休憩、内部服务的通道，必要时可以通过服务性车辆及紧急性车辆，起到应急车道的作用。

③结合独立式花园住宅的环境整治要求，每幢花园住宅设置一个专用停车位。结合沿重庆南路地块的更新，设置大型集中式地下停车场，可解决车辆乱停乱放，占用车道和公共空间的问题。

（3）住区公共与绿化空间

①拆除遮挡视线的围墙，利用障碍建筑的拆除，结合景观设计，适当阻隔不同功能区块，塑造良好的公共活动场所。

图 5-15 思南路花园住区项目规划总平面图

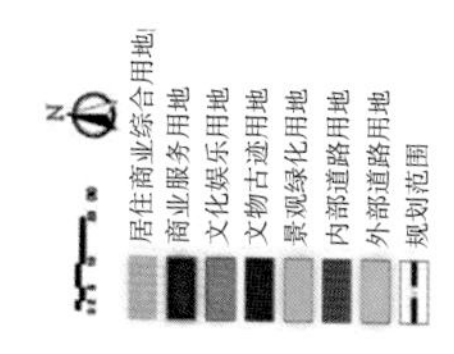

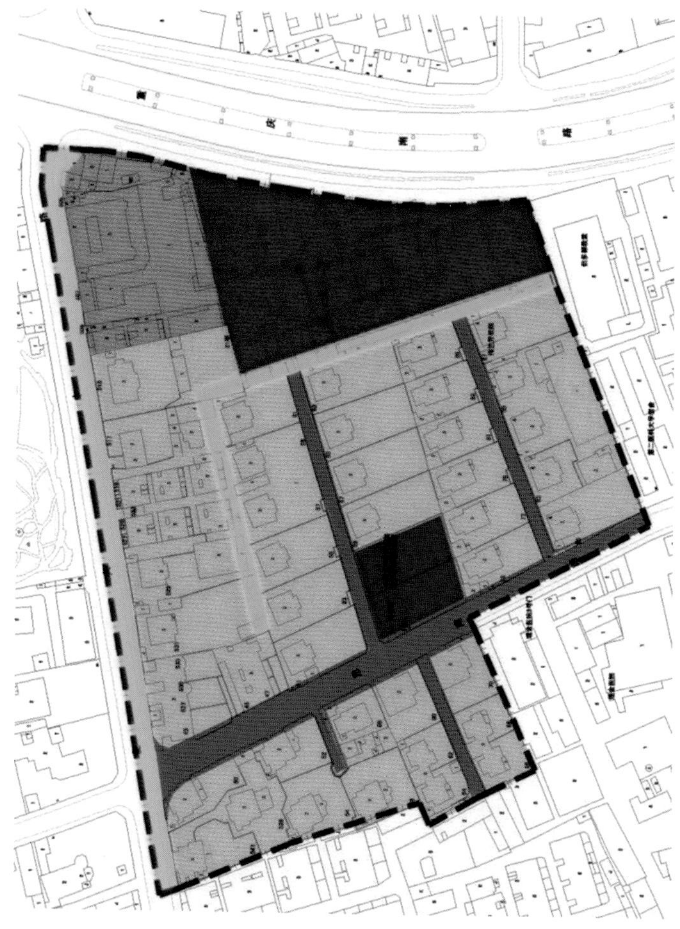

图 5-16 思南路花园住区用地调整规划

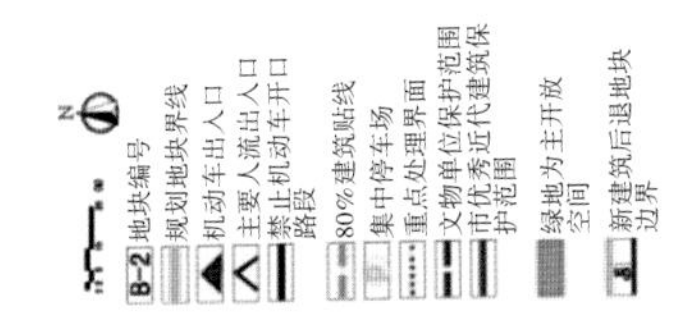

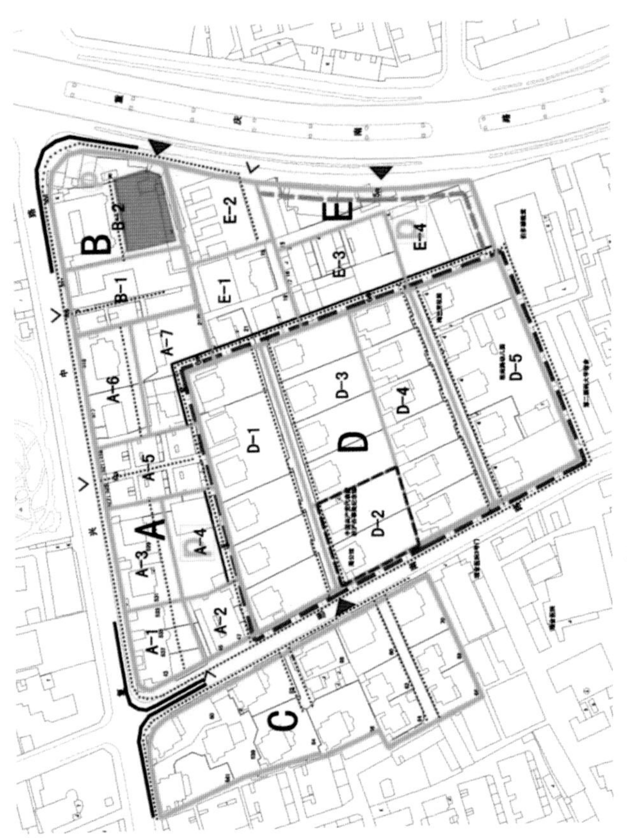

图 5-17　思南路花园住区地块控制

图 5-18　改造后的思南路花园住区

②整理庭院与交通空间，整治庭院绿化，形成私密与半私密的幽雅绿化空间。

③整治花园住宅的原有花园绿化，尤其要保护好名贵树种和高大老树，培养爬蔓植物，在景观通道上配置景观性树种，改善住区绿化状况，提升住区居民的安全感。

（4）安全管理

针对住区火灾隐患，合理设置灭火器等消防设施，疏通住区消防疏散通道。重新设置各类外围管线等市政配套系统，以符合现行规范要求。市政管线采取地下敷设方式，严禁线路架空敷设。间隔 20 m 设置一个路灯，路灯与指示牌相结合，以暖色光源突出花园住区的环境气氛，保障居民的夜间出行安全。

5.2.5 住区公共安全方面改造设计的意义

（1）建筑结构

对住宅整体建筑结构进行加固改造，提升其抗震抗灾能力，从根本上保障住区居民的公共安全。

（2）道路交通

在不改变整体风貌的前提下调整道路循环，控制住区内车流。设置既有绿化，又能应对紧急情况的通道，提高公共安全事件救援效率。每幢花园住宅设置一个停车位，在附近建设地下停车场，解决老旧住区路边停车的问题，降低住区公共安全事件发生的概率。

（3）公共活动与绿化空间

通过拆除障碍建筑的方式，拓展住区的公共活动空间，有利于邻里关系的建立，促进住区和谐发展。在保护好名贵树木的前提下，对住区绿化空间进行整体整治，既改善了住区环境，又延续了住区的整体风貌。

目前，国内关于拥有优秀历史建筑的老旧住区的改造设计刚刚起步，其中关于里弄住区公共安全改造设计的研究比较稀少。与早前改造的上海新天地不同，思南路花园住区的改造明确了以住宅为主导的社区功能，将公共安全作为重要部分。除了在修缮旧房的同时保持历史原貌之外，还要符合现代人的居住习惯，保证舒适度和空间感，更重要的是提高住区的公共安全等级。思南路花园住区的公共安全改造设计在兼顾历史风貌保护和满足居民需求这些方面成为一个很好的范例，值得其他同类型里弄住区在改造设计时借鉴。

6 结论与展望

6.1 研究结论

总体而言，本次研究对里弄住区的外部公共空间和内部单元空间进行了深入分析，总结出造成里弄住区公共安全隐患的主要因素及现状问题，针对这些问题，提出相应的改造设计策略，以便保障居民的居住安全。研究成果体现在以下几个方面：

（1）通过实地调研，深入了解里弄住区的公共安全现状，并总结了里弄住区主要存在的公共安全问题。因为历史原因，里弄住宅的建筑构造问题越来越明显，建筑结构损坏严重，加之住宅的布局形式单一以及住区内人口组成结构复杂，住区交通和公共服务设施均无法保障现有居住人口的公共安全。

（2）针对里弄住区的公共安全现状问题，本书主要从建筑设计和公共安全管理两个方向进行研究。在建筑设计层面，主要从住区外部交通、里弄出入口、内部交通环境、公共活动空间、绿化空间、公共设施、建筑内部交通空间、建筑外立面、建筑结构等方面进行改造设计研究，并提出了合理的公共安全改造设计策略。根据里弄住区的现实情况，尽可能在保留上海历史风貌建筑的同时，解决其面临的公共安全问题。针对里弄住区内部交通疏散的难题，设计了一种专用于里弄住区的疏散逃生工具，解决了消防车无法进入部分里弄住区的难题，提高了紧急情况发生时居民疏散逃生的速度，加大了安全保障。

（3）针对上海里弄住区在公共安全管理上的不足，主要从消防安全管理、电气安全管理、居民人身安全管理等几方面入手，对消防设施管理、照明设施管理、监控设施管理等几方面提出有效的改造设计措施。建议设置专门的安全管理部门，提高管理人员素质及居民参与度，通过内部管理更快捷地提高里弄住区的公共安全管理效率，解决里弄住区内的公共安全问题。

6.2 研究内容的不足及展望

目前，城市住区公共安全的研究尚处于初步阶段，针对上海里弄住区公共安全的深入研究还比较稀少，大多数针对公共安全的研究是从宏观和微观的角度进行的，即对城市的公共安全和建筑单体的安全性进行研究，对于中观角度，尤其是住区层面的研究比较少。经研究发现，里弄住区公共安全研究涉及的因素特别多，改造措施中需要互相协调的地方也比较多，由于自身能力和学识有限，在本书中只是对建筑设计层面和公共安全管理层面中常见的影响因素进行了研究，对于自然灾害、社会安全及公共卫生等方面的因素没有做过多探讨，对如何协调利用这些改造措施也没有进行深入讨论。

从目前的发展趋势来看，国内对住区的研究正朝着综合规划的方向转变。相对来说，我国对城市公共安全的研究比较多，对里弄住区公共安全的研究比较少，对里弄住区公共安全的关注度也比较低。上海的里弄住区还有不少的居住人口，里弄住区公共安全与住区居民的切身利益密切相关，因此里弄住区公共安全的研究势必成为未来研究的一个方向。

随着社会的进步、经济的发展和新住区的建成，那些代表上海历史风貌的里弄住区所存在的问题会越来越多，上海里弄住区的公共安全需要我们采取有效的保护措施。当然，每个里弄住区的具体情况都不一样，每座城市的发展情况也不一样，我们应该根据每座城市的具体情况、每个里弄住区的具体情况去设计合理的改造方案，因此，我们需要更加深入地研究和探索里弄住区公共安全的理论和实践。

参考文献

[1] 张维 ."新天地"新出路——上海里弄建筑的历史沿革及其开发性保护 [J]. 同济大学学报：社会科学版，2001(04)：18–23.

[2] 滕夙宏 . 新城市主义与宜居性住区研究 [D]. 天津：天津大学，2012.

[3] 李睿 . 新城市主义对我国城市老旧住区更新的启示 [D]. 天津：天津大学，2014.

[4] 刘向宇 . 既有住区日常公共空间的建构研究 [D]. 大连：大连理工大学，2017.

[5] 罗珊珊 . 上海里弄住宅的演变和继承 [D]. 上海：上海交通大学，2007.

[6] 田燕 . 汉口原租界区里分住宅"再生式"更新策略研究 [D]. 武汉：华中科技大学，2007.

[7] 万勇，葛剑雄 . 上海石库门建筑群保护与更新的现实和建议 [J]. 复旦学报：社会科学版，2011(04)：51–59.

[8] 周亦珩 . 宜居视角下老旧住区公共空间的生态优化设计 [D]. 南京：东南大学，2016.

[9] 雅各布斯 J. 美国大城市的死与生 [M]. 金衡山，译 . 南京：译林出版社，2005.

[10] Newman O.Defensible Space：Crime Prevention through Urban Design[M].NY：Macmillian，1972.

[11] 黄建中 . 特大城市用地发展与客运交通模式 [M]. 北京：中国建筑工业出版社，2006.

[12] M Poudel，F M Camino，M de Coligny. A Fuzzy Logic Approach for Aircraft Evacuation Modeling[Z]. Proceedings of the 18th International Conference on Systems Engineering, 2005.

[13] Donald E. Geis.By Design：The Disaster Resistant and Quality-of-Life Community[J].The Journal of Natural Hazards Review，2000(3)：1-23.

[14] 佚名 . 国外公共安全研究简况 [J]. 中国高校科技与产业化，2008(07)：26-27.

[15] 张翰卿，戴慎志 . 城市安全规划研究综述 [J]. 城市规划学刊，2005(2)：38-44.

[16] 何寿奎 . 基础设施公共安全风险管理制度研究 [J]. 生态经济：学术版，2012(01)：425-428.

[17] 杨杰 . 我国城市公共安全风险管理存在的问题及对策研究 [J]. 学理论，2013(22)：51-52.

[18] 赵民，孙忆敏，杜宁，等 . 我国城市旧住区渐进式更新研究——理论、实践与策略 [J]. 国际城市规划，2010，25(01)：24-32.

[19] 战俊红，张晓辉 . 中国公共安全管理理论 [M]. 北京：当代中国出版社，2007.

[20] 张旭 .60 年中国住房变迁 [J]. 小康，2009(11)：50–53.

[21] 谷鲁奇 . 面向老年人的旧住宅区公共活动空间更新方法研究 [D]. 重庆：重庆大学，2010.

[22] 姚嘉春 . 把旧城改造推向新的阶段 [J]. 住宅科技，1990(12)：29–31.

[23] 张又天 . 历史建筑密集区常见灾害影响及防灾策略研究 [D]. 天津：天津大学，2014.

[24] 孙宜然 . 历史街区消防安全影响因素分析与规划对策研究 [D]. 合肥：合肥工业大学，2013.

[25] 刘芹芹 . 城市老旧街区火灾隐患及防治策略研究 [D]. 天津：天津大学，2016.

[26] 王琨 . 基于公共安全的老旧住区改造研究 [D]. 南京：南京工业大学，2014.

[27] 毛媛媛，丁家骏 . 抢劫与抢夺犯罪行为时空分布特征研究——以上海市浦东新区为例 [J]. 人文地理，2014，29(01)：49–54.

[28] 徐磊青 . 以环境设计防止犯罪研究与实践 30 年 [J]. 新建筑，2003(06)：4–7.

[29] 丁宇新 . 基于生态理念的住宅改造研究 [D]. 上海：同济大学，2006.

[30] 刘晔 . 基于公共安全的西安市住区环境研究 [D]. 西安：西安建筑科技大学，2010.

[31] 王珏．基于里弄模式的上海地区联排住宅设计策略研究 [D]. 沈阳：沈阳建筑大学，2016.

[32] 朱妮娅．卢湾区高福里地块的改造与更新 [J]. 华中建筑，2007(03)：125–127.

[33] 贺辉．近代上海建筑立面装饰中的地域文化特征 [J]. 家具与室内装饰，2012(06)：56–59.

[34] 王亚琼，陈保胜．上海石库门建筑改造保护中的消防设计 [J]. 山西建筑，2010，36(01)：20–21.

[35] 李丽颖．装饰艺术运动影响下上海里弄住宅建筑外窗的艺术表现形式研究 [D]. 上海：东华大学，2011.

[36] 李小娟．风雨街上过，岁月楼中存 [D]. 天津：天津大学，2008.

[37] 诺伯舒兹 C. 场所精神：迈向建筑现象学 [M]. 施植明，译．武汉：华中科技大学出版社，2010.

[38] 刘晓庆．大连市老旧住区街区化更新方法研究 [D]. 大连：大连理工大学，2017.

[39] 陈喆琪．上海里弄中的场所研究 [D]. 上海：上海交通大学，2007.

[40] 张俊．多元与包容——上海里弄居住功能更新方式探索 [J]. 同济大学学报：社会科学版，2018，29(03)：45–53.

[41] 杨鹏．大院和交通的“战争” [J]. 中国国家地理，2008(08): 124–134.

[42] 郭丹青．城市旧住宅外立面改造研究 [D]. 重庆：重庆大学，2010.

[43] 江天昊 . 南京市上海路沿街既有住宅外观整治研究 [D]. 南京：南京工业大学，2014.

[44] 李百浩，张燕镭 . 汉口“里分”研究之二：泰兴里与同兴里 [J]. 华中建筑，2008(02): 176–179.

[45] 吴雅竹 . 深圳市早期住区公共空间适老化改造设计研究 [D]. 深圳：深圳大学，2017.

[46] 戎海燕 . 城市居住区室外照明规划设计研究 [D]. 天津：天津大学，2006.

[47] 王正 . 天津市危旧建筑及群体安全性能提升技术方法研究 [D]. 天津：天津大学，2016.

[48] 林霖 . 延续邻里环境的上海里弄街区适应性更新 [D]. 重庆：重庆大学，2014.

[49] 刘苑芳 . 居住型街区尺度的适宜性研究 [D]. 西安：西安建筑科技大学，2017.

[50] 邓云飞 . 浅析老旧居住小区出入口交通组织改善的几种方法 [J]. 交通与运输，2013，29(05): 47–48.

[51] 杨博 . 既有砌体结构抗震加固与节能改造一体化的研究 [D]. 太原：太原理工大学，2010.

[52] 中华人民共和国住房和城乡建设部 . GB 50023—2009 建筑抗震鉴定标准 [S]. 北京：中国建筑工业出版社，2009.

[53] 中华人民共和国住房和城乡建设部 . JGJ 116—2009 建筑抗震加固技术规程 [S]. 北京：中国建筑工业出版社，2009.

[54] 华霞虹 . 消融与转变 [D]. 上海：同济大学，2007.

[55] 刘勋，施卫星，王进 . 传统抗震加固技术和新型抗震加固技术的总结与对比 [J]. 结构工程师，2012，28(02): 101–105.

[56] 张晓菲 . 基于行为学的上海里弄住宅更新研究 [D]. 上海：东华大学，2010.

[57] Fraser–Mitchell J N. An Object Orientated Simulation（CRISPII）for Fire Risk Assessment. Fire Safety Science，4th International Symposium , 1994.

[58] Zelinsky W，Kosinski L A. The Emergency Evacuation of Cities: A Cross–national Historical and Geographical Study. [J]. Geographical Review, 1993(03): 332.

[59] 夏明，武云霞 . 探寻富有邻里感、人情味的现代联排式住宅区 [J]. 四川建筑科学研究，2007(05): 156–160.

[60] 林立勇 . 市场经济条件下历史小城镇的保护研究——以巴蜀山地历史小城镇为例 [D]. 重庆：重庆大学，2004.

[61] 郑雁秋 . 历史文化街区保护建设的防火策略 [J]. 消防科学与技术，2013，32(11): 1281–1284.

[62] 张东辉，郭琳琳 . 居住区室外照明的安全性探析 [J]. 华中建筑，2009，27(05): 93–94+106.

[63] 高磊 . 居住区光环境设计研究 [D]. 西安：西安建筑科技大学，2007.

[64] 冯晓晓 . 京津冀一体化进程中居住区低成本景观设计研究 [D]. 杨凌：西北农林科技大学，2016.

[65] 杨军 . 浅谈老旧住宅小区供配电系统改造方案 [J]. 技术与市场，2012，19(04): 139.

[66] 赵秀岩 . 论住宅电气设计存在的问题与技术运用 [J]. 科技风，2010(09): 100.

[67] 华赟杰 . 上海石库门里弄的现状、困境与发展对策研究 [D]. 杭州：浙江工业大学，2012.

[68] 佚名 . 可贵而艰难的起步——记“石库门”旧住宅改造 [J]. 上海人大月刊，1992(08): 9.

[69] 史建伟 . 部分大中城市旧房改造的一些做法 [J]. 城市，1989(01): 26.

[70] 於晓磊 . 上海旧住宅区更新改造的演进与发展研究 [D]. 上海：同济大学，2008.

[71] 邵甬，胡力骏 . 上海百年历史街区透析——上海思南路历史街区的保护与再生 [J]. 上海城市规划，2015(05): 37–42.